3D视角
详解微积分典型题

杨翠红　王若珩　刘尧　郑芷颖　编著

WUHAN UNIVERSITY PRESS
武汉大学出版社

图书在版编目(CIP)数据

3D视角详解微积分典型题／杨翠红等编著．-- 武汉：武汉大学出版社，2025.6. -- ISBN 978-7-307-24966-0

Ⅰ．O172-44

中国国家版本馆CIP数据核字第2025Y000W3号

责任编辑：胡　艳　陈卓琳　　责任校对：鄢春梅　　版式设计：马　佳

出版发行：**武汉大学出版社**　（430072　武昌　珞珈山）

（电子邮箱：cbs22@whu.edu.cn　网址：www.wdp.com.cn）

印刷：湖北恒泰印务有限公司

开本：720×1000　1/16　印张：5　字数：73千字　插页：1

版次：2025年6月第1版　2025年6月第1次印刷

ISBN 978-7-307-24966-0　定价：25.00元

前 言

“数学分析”是高等院校数学专业本科生的必修课程，“高等数学”是高等院校理工科学生的必修课程，而微积分是这两门课程中的重要内容。微积分里有很多较为复杂的空间图形，需要学习者对其进行研究，进而计算曲线弧长、曲面面积、立体体积等几何量，所用方法涉及定积分、二重积分、三重积分、曲线积分和曲面积分等积分的计算。由于空间图形的复杂和抽象性，这部分内容通常是课程教学中的重点和难点。2020 年，华中师范大学数学与统计学学院 3D 教具项目组从“数学分析”和“高等数学”课程中挑选了一些典型习题，有针对性地开发制作了一套教具，并围绕教具的使用编写了习题讲义。2021—2024 年，根据使用过程中的反馈和建议，3D 教具项目组持续优化教具并修订了讲义。目前的微积分框架型教具包含了 20 个 3D 模型，按照几何特征分为五类：与平面相关模型、与柱面相关模型、与球面相关模型、与锥面相关模型和与抛物面相关模型。在讲义中，我们尽可能地挖掘与模型对应的习题，结合 3D 模型从不同角度进行讲解。

华中师范大学及数学与统计学学院对 3D 教具项目组给予了很多支持。在本书的编写以及对应的 3D 教具的开发工作中，王若珩、刘尧、郑芷颖、詹翔雯、曹依铭、杨启帆、何雅君、冉一含、王晨邦、罗艺、彭炎辉、陈涛、于洪晓和胡倩怡等同学，以及武汉图灵教育科技有限公司的鲁纶老师，都做了很多工作。郑高峰、张正杰和刘敏思等教授也给予了很多帮助和支持。在此，向所有对 3D 教具项目组的工作给予关心支持的朋友一并致以衷心的感谢！

希望这本书以及我们开发的教具能够对“数学分析”和“高等数学”课程中的微积分教学有所帮助，同时欢迎广大师生在使用后提出批评和建议。

杨翠红

华中师范大学数学与统计学学院

2024 年 12 月

目　录

第 1 章　与平面相关模型

1.1　模型 1：平面截椭圆柱体模型

例 1.1　如图 1.1 所示，直椭圆柱体被通过底面短轴的斜平面所截，试求截得楔形体的体积. 这里圆柱体底面椭圆的长轴为 20cm，短轴为 8cm，高为 5cm[1].

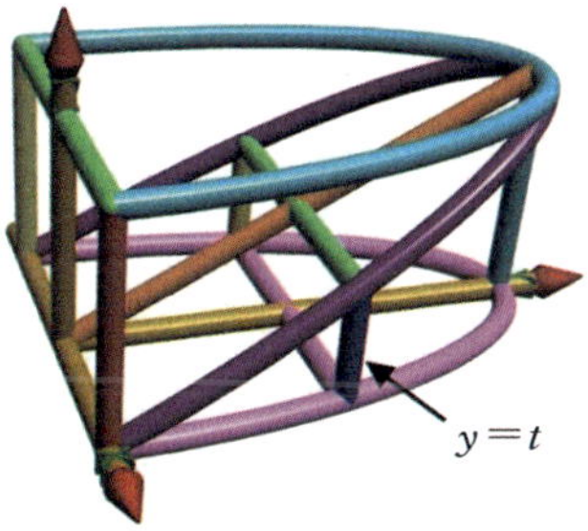

图 1.1

演示讲解——模型结合题目

本题属于定积分的应用，考查由平行截面面积求体积，重点在于确定截面面积函数和积分范围.

如图 1.1 所示，建立空间直角坐标系，则直椭圆柱面的方程为$\dfrac{x^2}{16}+\dfrac{y^2}{100}=1$，

斜平面的方程为 $z=\frac{y}{2}$. 用平面 $y=t(t\in(0,10))$ 截这个立体，截面为图中与 z 轴平行的矩形，容易确定其边长分别为 $8\sqrt{1-\frac{t^2}{100}}$ 和 $\frac{t}{2}$.

所以，截面的面积函数为 $A(t)=4t\sqrt{1-\frac{t^2}{100}}$，则楔形体的体积为

$$V=\int_0^{10}4t\sqrt{1-\frac{t^2}{100}}\,\mathrm{d}t=\frac{400}{3}.$$

1.2 模型 2：平面截椭球体模型

例 1.2 计算曲线积分 $\int_L y\,\mathrm{d}x+z\,\mathrm{d}y+x\,\mathrm{d}z$.

其中 L 是曲线

$$\frac{x^2}{a^2}+\frac{y^2}{b^2}+\frac{z^2}{c^2}=1,\ \frac{x}{a}+\frac{z}{c}=1,\ x\geqslant 0,\ y\geqslant 0,\ z\geqslant 0$$

$(a>0,b>0,c>0$ 为常数) 从点 $(a,0,0)$ 到点 $(0,0,c)$[2].

演示讲解——模型结合题目

本题考查第二型曲线积分的计算，重点在于利用积分曲线的投影确定其参数方程，然后利用参数方程进行计算.

在曲线 L 的方程中消去 z，得到其在 xOy 平面上的投影，投影曲线为 xOy 平面上以 $\left(\frac{a}{2},0\right)$ 为中心，半轴分别为 $\frac{a}{2}$ 和 $\frac{b}{\sqrt{2}}$ 的椭圆. 如图 1.2 所示.

将椭圆的参数方程 $\begin{cases}x=\frac{a}{2}+\frac{a}{2}\cos\theta\\ y=\frac{b}{\sqrt{2}}\sin\theta\end{cases}$，代入 $\frac{x}{a}+\frac{z}{c}=1$，得到 $z=\frac{c}{2}-\frac{c}{2}\cos\theta$.

图 1.2

再观察模型中积分曲线的投影，确定 θ 的取值范围为 $0 \leqslant \theta \leqslant \pi$.

最后由上面的分析可以计算出第二型曲线积分为

$$\int_L y\,\mathrm{d}x + z\,\mathrm{d}y + x\,\mathrm{d}z$$

$$= \int_0^{\pi} \left[-\frac{b}{\sqrt{2}}\sin\theta\,\frac{a}{2}\sin\theta + \left(\frac{c}{2} - \frac{c}{2}\cos\theta\right)\frac{b}{\sqrt{2}}\cos\theta + \left(\frac{a}{2} + \frac{a}{2}\cos\theta\right)\frac{c}{2}\sin\theta \right] \mathrm{d}\theta$$

$$= \frac{ac}{2} - \frac{\pi b}{4\sqrt{2}}(a+c).$$

1.3　模型 3：平面截球体模型

例 1.3　计算积分 $\int_L x^2\,\mathrm{d}s$，其中 L：$x^2 + y^2 + z^2 = a^2$，$x + y + z = 0$[2].

演示讲解——模型结合题目

本题属于第一型曲线积分的计算问题，关键在于利用积分区域 L 的对称性来化简积分. 本题中 L 由一个球面与一个平面相交形成，不难发现积分曲线 L 关于 x，y，z 具有轮换对称性.

因此，我们可以通过观察图 1.3 得到

$$\int_L x^2 \mathrm{d}s=\int_L y^2 \mathrm{d}s=\int_L z^2 \mathrm{d}s=\frac{1}{3}\int_L (x^2+y^2+z^2)\mathrm{d}s=\frac{1}{3}\int_L a^2 \mathrm{d}s=\frac{2}{3}\pi a^3.$$

图 1.3

另外，当本题中球面变为一般的椭球面$\frac{x^2}{a^2}+\frac{y^2}{b^2}+\frac{z^2}{c^2}=1$时，需要结合平面截椭球体模型图(如图 1.2 所示)，采用投影法来解题. 同时，为了分析对称性，有时需要利用到坐标变换.

例 1.4 设 L 为球面 $x^2+y^2+z^2=a^2$ 和平面 $x+y+z=0$ 的交线，若面对 x 轴正向看去，L 是沿逆时针方向的，求

(1) $\int_L x\mathrm{d}x+y\mathrm{d}y+z\mathrm{d}z$；

(2) $\int_L z\mathrm{d}x+x\mathrm{d}y+y\mathrm{d}z$[3].

演示讲解——模型结合题目

本题属于第二型曲线积分的问题，重点在于确定积分曲线 L 的参数方程，并利用对称性化简积分计算.

首先，把 $y=-x-z$ 代入 $x^2+y^2+z^2=a^2$，得 $2x^2+2z^2+2xz=a^2$.

令 $x=u+v$，$z=u-v$，又化为$\frac{u^2}{\left(\frac{a}{\sqrt{6}}\right)^2}+\frac{v^2}{\left(\frac{a}{\sqrt{2}}\right)^2}=1$.

所以，L 的参数方程为

$$\begin{cases} x = \dfrac{a}{\sqrt{6}}\cos t + \dfrac{a}{\sqrt{2}}\sin t, \\ y = -\dfrac{a}{\sqrt{6}}\cos t, \qquad\qquad t \in [0, 2\pi]. \\ z = \dfrac{a}{\sqrt{6}}\cos t - \dfrac{a}{\sqrt{2}}\sin t, \end{cases}$$

(1) 因为$\int_L y\,dy = -\dfrac{2}{3}a^2\int_0^{2\pi}\cos t\sin t\,dt = 0$,

结合图 1.3 所示的模型，由 x，y，z 的轮换对称性可得，$\int_L x\,dx = \int_L z\,dz = 0$，

因此，$\int_L x\,dx + y\,dy + z\,dz = 0$.

(2) 因为$\int_L y\,dz = \int_0^{2\pi}\left(-\dfrac{a}{\sqrt{6}}\cos t\right)\left(-\dfrac{a}{\sqrt{6}}\sin t - \dfrac{a}{\sqrt{2}}\cos t\right)dt = \dfrac{\sqrt{3}}{3}a^2\pi$,

所以，由 x，y，z 的轮换对称性可得

$$\int_L z\,dx + x\,dy + y\,dz = 3\int_L y\,dz = \sqrt{3}a^2\pi.$$

1.4　模型 4：平面截旋转抛物面模型

例 1.5　求由曲面 $z = x^2 + y^2$ 和 $z = x + y$ 所围的立体 V 的体积[1].

演示讲解——模型结合题目

本题属于利用二重积分几何意义求体积的题目，重点在于确定积分区域，以及广义极坐标变换下的积分变量的上下限.

第一步，如图 1.4 所示，观察模型可以看出，平面和旋转抛物面相交的部分为最上方的闭曲线.

第二步，俯视该模型，观察到该闭曲线在 xOy 平面上的投影是一个圆，通过联立曲面 $z = x^2 + y^2$ 和 $z = x + y$ 的方程并消去 z，得到投影圆的方程为

$$\left(x - \frac{1}{2}\right)^2 + \left(y - \frac{1}{2}\right)^2 = \frac{1}{2},$$

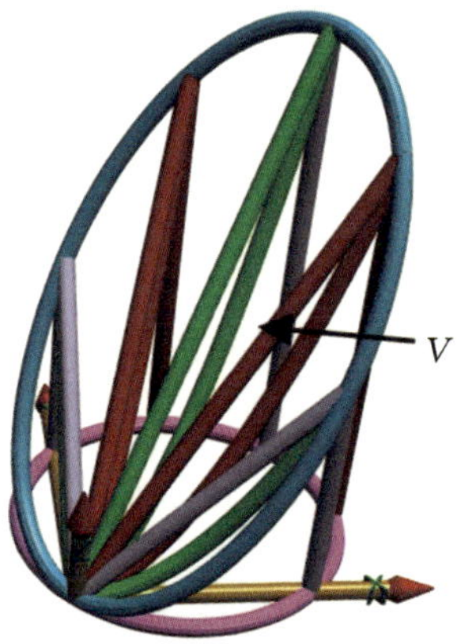

图 1.4

由此得到投影圆的广义极坐标方程为 $x=\frac{1}{2}+r\cos\theta$，$y=\frac{1}{2}+r\sin\theta$.

第三步，观察模型底部的圆，夹角 θ 从 0 增大到 2π，r 的变化范围为 $0\sim\frac{\sqrt{2}}{2}$，即参数范围为 $D:\left\{0\leqslant\theta\leqslant 2\pi,\ 0\leqslant r\leqslant\frac{\sqrt{2}}{2}\right\}$.

第四步，计算积分为

$$
\begin{aligned}
V&=\iint_D[(x+y)-(x^2+y^2)]\,\mathrm{d}x\,\mathrm{d}y\\
&=\int_0^{2\pi}\mathrm{d}\theta\int_0^{\frac{\sqrt{2}}{2}}\left(\frac{1}{2}-r^2\right)r\,\mathrm{d}r=\frac{\pi}{8}.
\end{aligned}
$$

例 1.6 计算积分 $\iint_D(x+y)\mathrm{d}x\,\mathrm{d}y$，$D:x^2+y^2=x+y$ 所围成的区域[4].

演示讲解——模型结合题目

本题考查二重积分的计算，所以对积分区域 D 的理解并选择合适的坐标变换，能够很大程度上帮助解题. 由 $x^2+y^2=x+y$ 变形得到 $\left(x-\frac{1}{2}\right)^2+\left(y-\frac{1}{2}\right)^2=\frac{1}{2}$，根据“平面截旋转抛物面模型”，它可以看成曲面 $z=x^2+y^2$ 与平面 $z=x+y$ 的交线在 xOy 平面上的投影，投影曲线为 xOy 平面上的圆，如图 1.5 所示. 本题即为求被积函数 $z=x+y$ 在投影曲线所围区域上的二重积分.

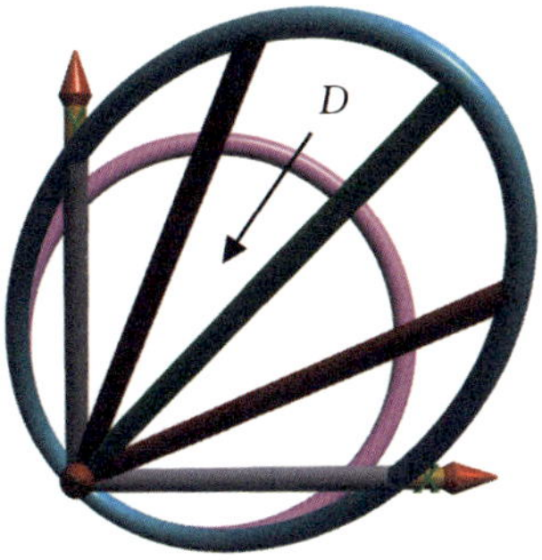

图 1.5

对积分区域 D 作如下变换,

$$T:\begin{cases} x=\dfrac{1}{2}+r\cos\theta, \\ y=\dfrac{1}{2}+r\sin\theta, \end{cases}$$

则 $J=\dfrac{\partial(x, y)}{\partial(r, \theta)}=r$,新的积分区域为

$$D'=\left\{(r, \theta) \mid 0\leqslant r\leqslant\frac{\sqrt{2}}{2}, 0\leqslant\theta\leqslant 2\pi\right\}.$$

由积分变换公式可得

$$\begin{aligned}\iint_D (x+y)\,\mathrm{d}x\,\mathrm{d}y &= \iint_{D'} [r(\cos\theta+\sin\theta)+1]\,|J|\,\mathrm{d}r\,\mathrm{d}\theta \\ &= \int_0^{2\pi}\mathrm{d}\theta\int_0^{\frac{\sqrt{2}}{2}} [r(\cos\theta+\sin\theta)+1]\,r\,\mathrm{d}r \\ &= \frac{\pi}{2}.\end{aligned}$$

1.5　模型 5: 单位立方体在不同坐标系下的三重积分模型

例 1.7　写出单位正方体为积分区域时,柱面坐标系和球面坐标系下的

三重积分的上下限[1].

演示讲解——模型结合题目

本题主要考查三重积分的换元法，难点在于柱面和球面坐标系下积分区域的确定和表达.

(1) 柱面坐标系：如图 1.6 所示，建立空间直角坐标系，正方体的底面所在平面为 xOy 平面. 记 θ 为 xOy 平面上正方形区域中任一点和原点的连线与 x 轴正半轴所成的角，则 θ 的范围为 $0\leqslant\theta\leqslant\frac{\pi}{2}$. 下面讨论在 θ 的不同取值下三重积分的上下限.

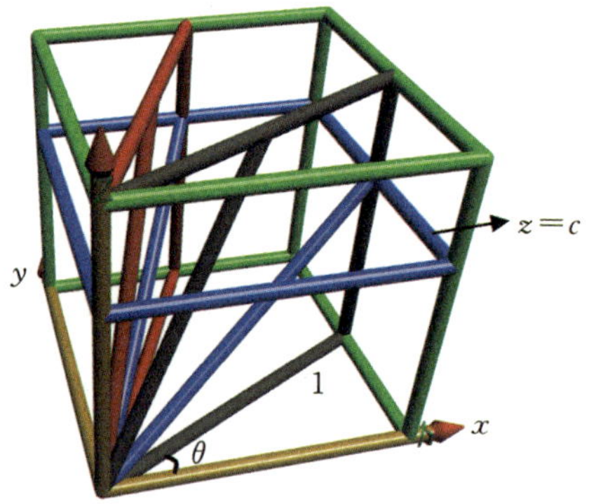

图 1.6

在 $0\leqslant\theta\leqslant\frac{\pi}{4}$ 的部分：观察 xOy 平面中的直线 1，由 $x=r\cos\theta$ 及 $x=1$，得正方形的边所在的直线的极坐标方程为 $r=\frac{1}{\cos\theta}$. 于是得到这部分积分区域的柱坐标方程为

$$\begin{cases}0\leqslant z\leqslant 1,\\0\leqslant r\leqslant\dfrac{1}{\cos\theta},\\0\leqslant\theta\leqslant\dfrac{\pi}{4}.\end{cases}$$

在$\frac{\pi}{4} \leqslant \theta \leqslant \frac{\pi}{2}$的部分：再观察 xOy 平面中的另一条直线，由 $y = r\cos\left(\frac{\pi}{2}-\theta\right)$及 $x=1$，得正方形的边所在的直线的极坐标方程为 $r = \frac{1}{\cos\left(\frac{\pi}{2}-\theta\right)}$，亦即为 $r=\frac{1}{\sin\theta}$. 于是得到这部分积分区域的柱坐标方程为

$$\begin{cases} 0 \leqslant z \leqslant 1, \\ 0 \leqslant r \leqslant \frac{1}{\sin\theta}, \\ \frac{\pi}{4} \leqslant \theta \leqslant \frac{\pi}{2}. \end{cases}$$

综上，得到函数 $f(x, y, z)$ 在以单位立方体模型为积分区域时，在柱面坐标系下的三重积分为

$$\begin{aligned} &\int_0^1 dx \int_0^1 dy \int_0^1 f(x, y, z) dz \\ =&\int_0^1 dz \int_0^{\frac{\pi}{4}} d\theta \int_0^{\frac{1}{\cos\theta}} f(r\cos\theta, r\sin\theta, z) r dr \\ &+\int_0^1 dz \int_{\frac{\pi}{4}}^{\frac{\pi}{2}} d\theta \int_0^{\frac{1}{\sin\theta}} f(r\cos\theta, r\sin\theta, z) r dr. \end{aligned}$$

(2) 球面坐标系：在球面坐标系下，用平面 $\theta = c$ 截此立方体，则截面为长方形.下面讨论 θ 的不同取值下三重积分的上下限，如图 1.7 所示.

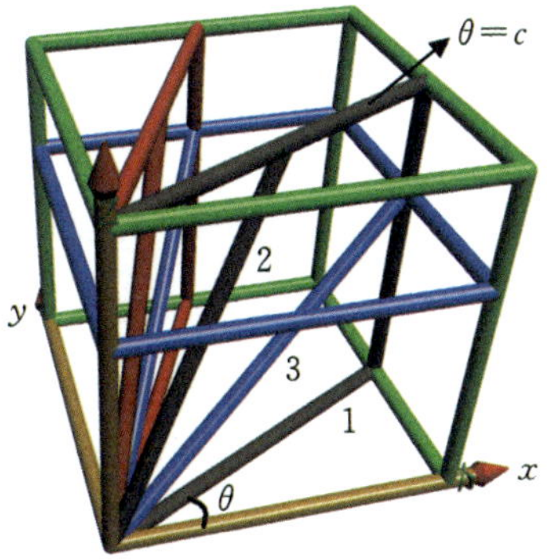

图 1.7

在 $0\leqslant\theta\leqslant\frac{\pi}{4}$ 的部分：此时截面为靠近 x 轴的长方形框，在此平面上，从原点引出了上下两条直线，分别为直线 2 和直线 3.

当它们位于平面 $\theta=c$ 的对角线位置时，长度最长，这个位置也是积分范围的分界处. 记 φ 为从原点引出的直线与 z 轴正半轴的夹角，则在对角线处，有关系式：

$$\tan\varphi=\frac{1}{\cos\theta},$$

即

$$\varphi=\arctan\frac{1}{\cos\theta}.$$

于是可以将 φ 分成 $0\leqslant\varphi\leqslant\arctan\frac{1}{\cos\theta}$ 和 $\arctan\frac{1}{\cos\theta}\leqslant\varphi\leqslant\frac{\pi}{2}$ 这两种情况.

先考虑以从原点引出的直线 2 所代表的积分区域，直线 2 的方程为 $r=\frac{1}{\cos\varphi}$，根据上面的分析，可以得到积分区域为

$$\begin{cases}0\leqslant\theta\leqslant\frac{\pi}{4},\\0\leqslant\varphi\leqslant\arctan\frac{1}{\cos\theta},\\0\leqslant r\leqslant\frac{1}{\cos\varphi}.\end{cases}$$

再考虑以从原点引出的直线 3 所代表的积分区域，观察模型，可以计算出直线 3 的方程为 $r=\frac{1}{\sin\varphi\cos\theta}$，同理可得积分区域为

$$\begin{cases}0\leqslant\theta\leqslant\frac{\pi}{4},\\\arctan\frac{1}{\cos\theta}\leqslant\varphi\leqslant\frac{\pi}{2},\\0\leqslant r\leqslant\frac{1}{\sin\varphi\cos\theta}.\end{cases}$$

在 $\frac{\pi}{4} \leqslant \theta \leqslant \frac{\pi}{2}$ 的部分:此时截面为模型中靠近 y 轴的长方形框，在此平面上，从原点同样引出了上下两条直线.

当它们位于长方形框的对角线位置时，长度最长，这个位置也是积分范围的分界处.在此位置，有关系式:

$$\tan\varphi = \frac{1}{\sin\theta},$$

即

$$\varphi = \arctan\frac{1}{\sin\theta}.$$

故将 φ 分成 $0 \leqslant \varphi \leqslant \arctan\frac{1}{\sin\theta}$ 和 $\arctan\frac{1}{\sin\theta} \leqslant \varphi \leqslant \frac{\pi}{2}$ 这两种情况.

先考虑以从原点引出靠上方的直线所代表的积分区域，其方程为 $r = \frac{1}{\cos\varphi}$，根据上面的分析，可以得到积分范围为

$$\begin{cases} \frac{\pi}{4} \leqslant \theta \leqslant \frac{\pi}{2}, \\ 0 \leqslant \varphi \leqslant \arctan\frac{1}{\sin\theta}, \\ 0 \leqslant r \leqslant \frac{1}{\cos\varphi}. \end{cases}$$

再考虑以从原点引出的靠下方的直线所代表的积分区域，观察模型，可以计算出该直线的长度为 $r = \frac{1}{\sin\varphi\sin\theta}$，同理可得积分区域为

$$\begin{cases} \frac{\pi}{4} \leqslant \theta \leqslant \frac{\pi}{2}, \\ \arctan\frac{1}{\sin\theta} \leqslant \varphi \leqslant \frac{\pi}{2}, \\ 0 \leqslant r \leqslant \frac{1}{\sin\varphi\sin\theta}. \end{cases}$$

综上，得到函数 $f(x, y, z)$ 在以单位立方体为积分区域时，在球面坐标系下的三重积分为

$$
\begin{aligned}
&\int_0^1 \mathrm{d}x \int_0^1 \mathrm{d}y \int_0^1 f(x, y, z)\,\mathrm{d}z \\
=&\int_0^{\frac{\pi}{4}} \mathrm{d}\theta \int_0^{\arctan\frac{1}{\cos\theta}} \mathrm{d}\varphi \int_0^{\frac{1}{\cos\varphi}} k f(u, v, w)\,\mathrm{d}r \\
&+\int_0^{\frac{\pi}{4}} \mathrm{d}\theta \int_{\arctan\frac{1}{\cos\theta}}^{\frac{\pi}{2}} \mathrm{d}\varphi \int_0^{\frac{1}{\sin\varphi\cos\theta}} k f(u, v, w)\,\mathrm{d}r \\
&+\int_{\frac{\pi}{4}}^{\frac{\pi}{2}} \mathrm{d}\theta \int_0^{\arctan\frac{1}{\sin\theta}} \mathrm{d}\varphi \int_0^{\frac{1}{\cos\varphi}} k f(u, v, w)\,\mathrm{d}r \\
&+\int_{\frac{\pi}{4}}^{\frac{\pi}{2}} \mathrm{d}\theta \int_{\arctan\frac{1}{\sin\theta}}^{\frac{\pi}{2}} \mathrm{d}\varphi \int_0^{\frac{1}{\sin\varphi\sin\theta}} k f(u, v, w)\,\mathrm{d}r,
\end{aligned}
$$

其中，$k=r^2\sin\varphi$，$u=r\sin\varphi\cos\theta$，$v=r\sin\varphi\sin\theta$，$w=r\cos\varphi$.

1.6 模型6：平面截马鞍面模型

例 1.8 改变三重积分$\int_0^1 \mathrm{d}x\int_0^x \mathrm{d}y\int_0^{xy} f(x, y, z)\,\mathrm{d}z$ 的积分次序.

(1) 先 x 后 z 再 y；

(2) 先 y 后 z 再 x[2].

演示讲解——模型结合题目

本题考查三重积分化为累次积分，重点在于确定截面方程，进而求得各种积分次序下的积分上下限.

由题可知积分区域为一个四面体.

(1) 积分次序变为先 x 后 z 再 y，即先确定 x 的取值从 0 至 1，而后观察“三角形”截面，如图 1.8 所示；再确定 z 的取值范围为 0 至 x^2；由马鞍面 $z=xy$ 可知 $y=\frac{z}{x}$，即 y 的取值范围为$\frac{z}{x}$ 至 x.

故

$$
I=\int_0^1 \mathrm{d}x\int_0^{x^2} \mathrm{d}z\int_{\frac{z}{x}}^{x} f(x, y, z)\,\mathrm{d}y.
$$

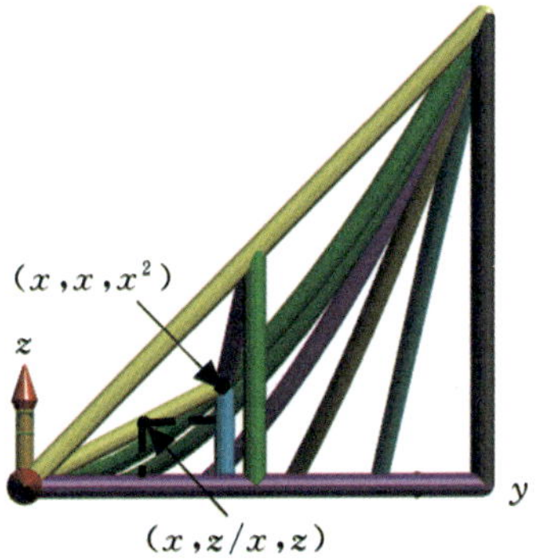

图 1.8

(2) 积分次序变为先 y 后 z 再 x，先确定 y 的取值为从 0 至 1，而后观察“梯形”截面，如图 1.9 所示.

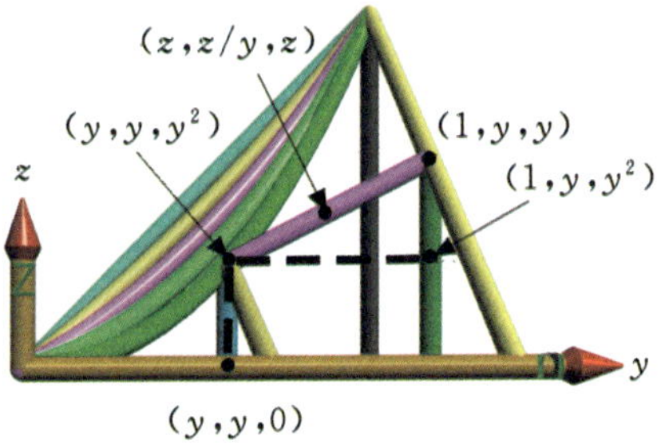

图 1.9

接下来分两部分讨论：

第一部分：先确定 z 的取值范围为 0 至 y^2，再确定 x 的取值范围为 y 至 1.

第二部分：先确定 z 的取值范围为 y^2 至 y，再根据马鞍面 $z=xy$，可以确定 x 的取值范围为 $\frac{z}{y}$ 至 1.

故

$$I=\int_0^1 \mathrm{d}y\left[\int_0^{y^2}\mathrm{d}z\int_y^1 f(x, y, z)\,\mathrm{d}x+\int_{y^2}^{y}\mathrm{d}z\int_{\frac{z}{y}}^1 f(x, y, z)\,\mathrm{d}x\right].$$

例 1.9 求 $\iiint\limits_{\Omega} xy\,\mathrm{d}V$，积分区域 Ω 是由 $z=xy$，$x+y=1$ 与 $z=0$ 所围

成的闭区域.

演示讲解——模型结合题目

本题考查三重积分的计算，重点在于确定马鞍面 $z=xy$ 与两个平面 $x+y=1$，$z=0$ 所围区域. 如图 1.10 所示.

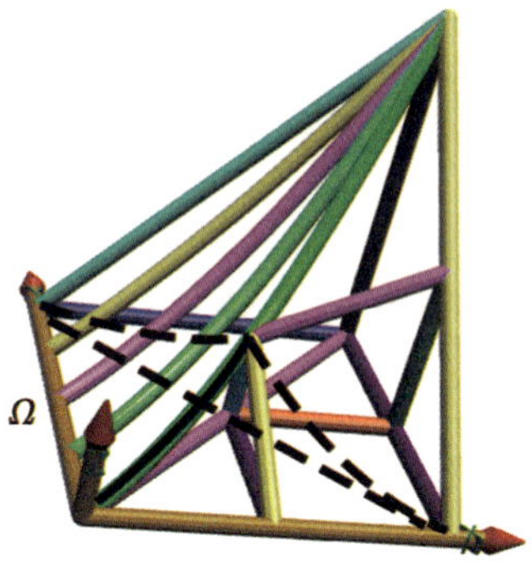

图 1.10

因为 xOy 平面上的投影区域为 $D=\{(x,y)\mid 0\leqslant x\leqslant 1, 0\leqslant y\leqslant 1-x\}$，所以

$$\begin{aligned}\iiint_{\Omega} xy\,\mathrm{d}V &= \iint_{D}\mathrm{d}x\,\mathrm{d}y\int_0^{xy} xy\,\mathrm{d}z \\ &= \int_0^1 x\,\mathrm{d}x\int_0^{1-x} y\,\mathrm{d}y\int_0^{xy}\mathrm{d}z \\ &= \int_0^1 x^2\,\mathrm{d}x\int_0^{1-x} y^2\,\mathrm{d}y \\ &= \int_0^1 x^2\cdot\frac{1}{3}(1-x)^3\,\mathrm{d}x \\ &= \frac{1}{180}.\end{aligned}$$

例 1.10 求 $M=\iiint_{V} xy^2z^3\,\mathrm{d}x\,\mathrm{d}y\,\mathrm{d}z$，积分区域 V 是由曲面 $z=xy$ 与平面 $y=x$，$x=1$，$y=0$ 和 $z=0$ 围成.

演示讲解——模型结合题目

本题考查三重积分的计算，重点在于用投影法分析积分区域，将三重积分化为累次积分进行计算.

第一步：分析积分区域在 xOy 平面内的投影区域. 观察图 1.11 所示的模型，可以看到投影区域为由 $y=x$，$x=1$ 和 $y=0$ 所围成的区域.

图 1.11

第二步：计算 z 的积分限. 在上面确定的投影区域中任选一点 (x, y)，过这一点做垂直于 xOy 平面的直线，则该直线依次穿过曲面 $z=0$ 和 $z=xy$. 因为 $x\geqslant 0$，$y\geqslant 0$，所以 $z=xy\geqslant 0$.

综上可得

$$\begin{aligned} M &= \iiint_V xy^2 z^3 \,\mathrm{d}x\,\mathrm{d}y\,\mathrm{d}z \\ &= \int_0^1 x\,\mathrm{d}x \int_0^x y^2\,\mathrm{d}y \int_0^{xy} z^3\,\mathrm{d}z \\ &= \frac{1}{364}. \end{aligned}$$

第 2 章　与柱面相关模型

2.1　模型 7：两柱相交模型

例 2.1　求两个底面半径均为 a 的直交圆柱所围立体的体积 V[1].

演示讲解——模型结合题目

本题中两个直交圆柱的公共部分叫做牟合方盖. 本题考查用重积分的几何意义求立体的体积，重点在于确定积分区域和积分变量的上下限.

如图 2.1 和图 2.2 所示，该模型展现的是牟合方盖的$\frac{1}{8}$部分，从模型中可以看出，积分区域为 xOy 平面上以原点为圆心，半径为 a 的圆盘的$\frac{1}{4}$. 所以，x 从 0 增大到圆柱底面半径 a，y 从 0 增大到圆弧$\sqrt{a^2-x^2}$，得到积分区域为

$$D:\begin{cases}0\leqslant y\leqslant\sqrt{a^2-x^2},\\0\leqslant x\leqslant a.\end{cases}$$

该模型是以 $z=\sqrt{a^2-x^2}$ 为曲顶，以$\frac{1}{4}$圆域 D 为底面的柱体，再根据二重积分几何意义，求出第一卦限部分的立体体积为

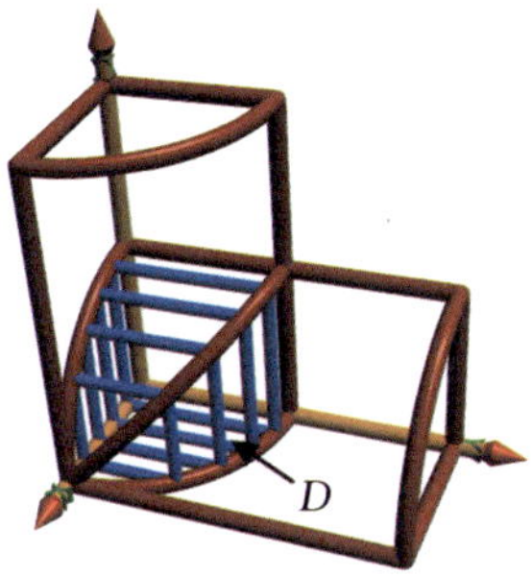

图 2.1

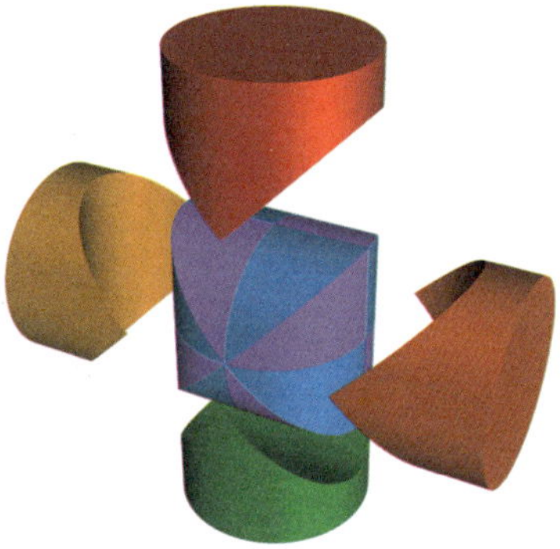

图 2.2

$$\begin{aligned}\frac{1}{8}V&=\iint_D \sqrt{a^2-x^2}\,\mathrm{d}\sigma\\&=\int_0^a \mathrm{d}x\int_0^{\sqrt{a^2-x^2}}\sqrt{a^2-x^2}\,\mathrm{d}y\\&=\int_0^a (a^2-x^2)\,\mathrm{d}x=\frac{2}{3}a^3.\end{aligned}$$

最后，我们可得到整个立体图形(即牟合方盖）的体积为 $V=\frac{16}{3}a^3$.

例 2.2　计算两个底面半径为 a 的直交圆柱体所围立体的表面积 S，其中两圆柱的方程分别为 $x^2+y^2\leqslant a^2$ 以及 $x^2+z^2\leqslant a^2$.

演示讲解——模型结合题目

本题考查求曲面面积的方法，我们可以用重积分和第一型曲线积分两种方法来求解.

解法 1：该模型是两个直交圆柱的 $\frac{1}{8}$ 部分，从图 2.3 所示的模型可以看出，积分区域为

$$D:\begin{cases}0\leqslant x\leqslant a,\\0\leqslant y\leqslant\sqrt{a^2-x^2}.\end{cases}$$

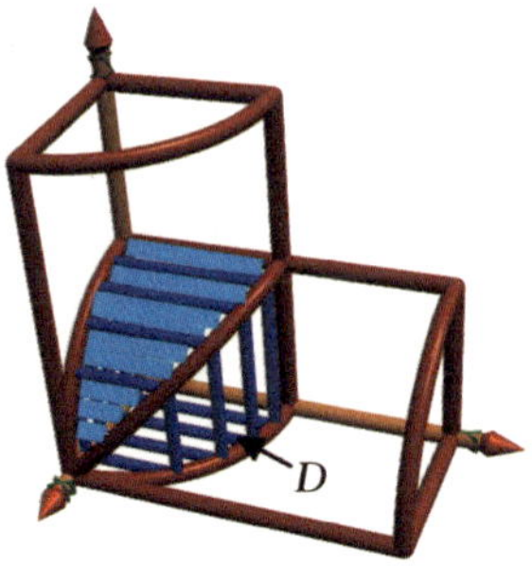

图 2.3

再分别计算 z 关于 x 的偏导数以及 z 关于 y 的偏导数得

$$\begin{cases} z'_x = \dfrac{-x}{\sqrt{a^2 - x^2}}, \\ z'_y = 0. \end{cases}$$

最后，根据曲面表面积公式可以求出蓝色阴影部分曲面的面积为

$$\begin{aligned} \frac{1}{16}S &= \iint\limits_D \sqrt{1 + z_x^2 + z_y^2}\,\mathrm{d}\sigma \\ &= \iint\limits_D \sqrt{\frac{a^2}{a^2 - x^2}}\,\mathrm{d}\sigma \\ &= \int_0^a \mathrm{d}x \int_0^{\sqrt{a^2-x^2}} \sqrt{\frac{a^2}{a^2 - x^2}}\,\mathrm{d}y \\ &= \int_0^a a\,\mathrm{d}x = a^2. \end{aligned}$$

故整个立体图形(即牟合方盖)的表面积为 $S = 16a^2$.

解法 2：如图 2.4 所示的模型为两个直交圆柱相交部分的 $\frac{1}{8}$，从模型中可以看出，我们可以通过计算第一型曲线积分来计算侧面上蓝色阴影部分的面积，其中 $L: y = \sqrt{a^2 - x^2}$ 是平面 xOy 上一段光滑曲线，$z = f(x, y) = \sqrt{a^2 - x^2}$ 为定义在 L 上的非负连续函数.

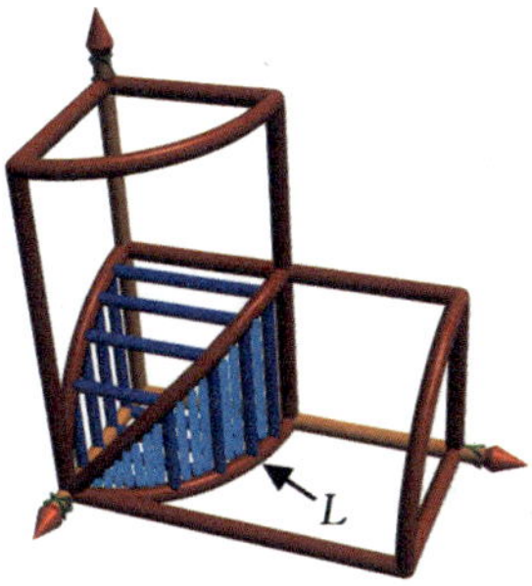

图 2.4

由第一型曲线积分的几何意义，上图侧面蓝色阴影部分的面积为

$$\begin{aligned}\frac{1}{16}S &= \int_L f(x, y)\,\mathrm{d}s \\ &= \int_0^a \sqrt{a^2 - x^2}\sqrt{1 + \frac{x^2}{a^2 - x^2}}\,\mathrm{d}x \\ &= \int_0^a \sqrt{a^2 - x^2 + x^2}\,\mathrm{d}x \\ &= \int_0^a a\,\mathrm{d}x = a^2.\end{aligned}$$

故整个立体图形(即牟合方盖)的表面积为 $S = 16a^2$.

例 2.3　求两个密度均匀的底面半径为 a 的直交圆柱对于 x 轴的转动惯量，其中两圆柱的方程分别为 $x^2 + y^2 \leqslant a^2$ 以及 $x^2 + z^2 \leqslant a^2$，圆柱的密度为 ρ.

演示讲解——模型结合题目

本题考查定积分的应用，重点在于确定模型内任意一点到 x 轴的距离的平方，并利用模型确定积分区域，进而根据转动惯量公式进行计算.

如图 2.5 所示，该模型是两个直交圆柱的 $\frac{1}{8}$ 部分，从模型中可以看出积分区域为 $\frac{1}{8}$ 圆柱部分，得到积分区域为

$$V: \begin{cases} 0 \leqslant x \leqslant a, \\ 0 \leqslant y \leqslant \sqrt{a^2 - x^2}, \\ 0 \leqslant z \leqslant \sqrt{a^2 - x^2}. \end{cases}$$

图 2.5

则 V 中任意一点 (x, y, z) 与转轴 x 轴的距离的平方为 y^2+z^2.

于是，转动惯量为

$$J_x=8\iiint_V \rho(y^2+z^2)\,\mathrm{d}V$$

$$=8\iint_D \mathrm{d}\sigma\int_0^{\sqrt{a^2-x^2}}\rho(y^2+z^2)\,\mathrm{d}z$$

$$=8\iint_D \rho\left[y^2\sqrt{a^2-x^2}+\frac{1}{3}\left(\sqrt{a^2-x^2}\right)^3\right]\mathrm{d}\sigma$$

$$=8\int_0^a \mathrm{d}x\int_0^{\sqrt{a^2-x^2}}\rho\left[y^2\sqrt{a^2-x^2}+\frac{1}{3}\left(\sqrt{a^2-x^2}\right)^3\right]\mathrm{d}y$$

$$=\frac{16}{3}\int_0^a \rho\,(a^2-x^2)^2\,\mathrm{d}x$$

$$=\frac{128}{45}\rho a^5.$$

2.2 模型 8：椭圆柱面、马鞍面组合模型

例 2.4 化三重积分 $I=\iiint_D f(x, y, z)\,\mathrm{d}x\mathrm{d}y\mathrm{d}z$ 为三次积分，其中积分区域 ω 是由曲面 $cz=xy\,(c>0)$，$\dfrac{x^2}{a^2}+\dfrac{y^2}{b^2}=1$，$z=0$ 所围成的在第一卦限内的

闭区域[5].

演示讲解——模型结合题目

本题属于三重积分化为三次积分的题型，重点在于确定积分区域，找出积分变量的上下限，最后把三重积分化为三次积分.

如图 2.6 所示，Ω 在 xOy 平面的投影区域就是椭圆$\frac{x^2}{a^2}+\frac{y^2}{b^2}=1$ 在第一象限的部分，由此可以找出 x，y 的取值范围为

$$0 \leqslant x \leqslant a,\ 0 \leqslant y \leqslant b\sqrt{1-\frac{x^2}{a^2}}.$$

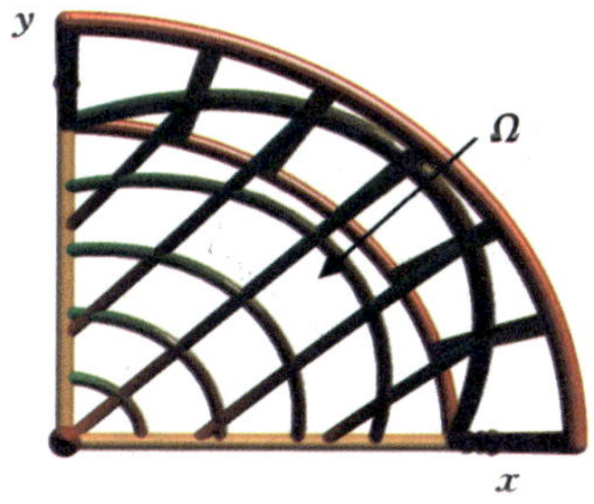

图 2.6

对于 z，如图 2.7 所示，$cz=xy$ 总是在平面 $z=0$ 的上方，故

$$0 \leqslant z \leqslant \frac{xy}{c}.$$

图 2.7

于是有

$$I=\int_0^a \mathrm{d}x \int_0^{b\sqrt{1-\frac{x^2}{a^2}}} \mathrm{d}y \int_0^{\frac{xy}{c}} f(x, y, z)\,\mathrm{d}z.$$

例 2.5 求双曲抛物面(马鞍面)$z=xy$ 被椭圆柱面$\frac{x^2}{a^2}+\frac{y^2}{b^2}=1$ 和平面 $z=0$ 所围在第一卦限的空间的体积.

演示讲解——模型结合题目

本题考查用二重积分求立体的体积. 如图 2.8 所示，俯视该模型，可以观察到该立体在 xOy 平面上的投影区域是$\frac{1}{4}$椭圆，即

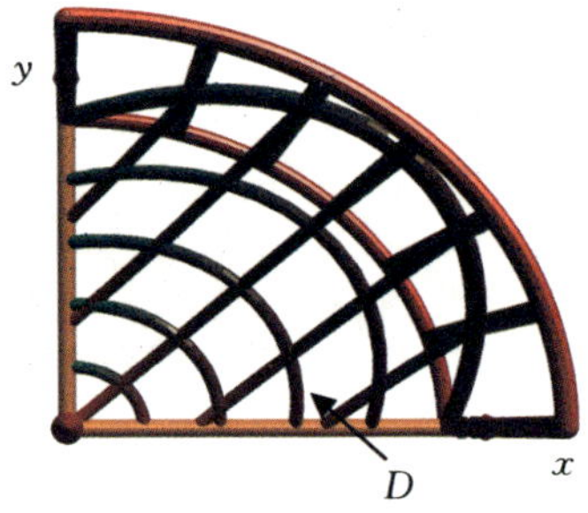

图 2.8

$$D=\left\{(x, y) \mid \frac{x^2}{a^2}+\frac{y^2}{b^2}\leqslant 1,\ x\geqslant 0,\ y\geqslant 0\right\}.$$

则所求为以 D 为底，$z=xy$ 为顶的曲顶柱体的体积.

从而

$$\begin{aligned} V&=\iint_D xy\,\mathrm{d}x\,\mathrm{d}y \\ &=\int_0^a \mathrm{d}x \int_0^{b\sqrt{1-\left(\frac{x}{a}\right)^2}} xy\,\mathrm{d}y \\ &=\frac{a^2 b^2}{8}. \end{aligned}$$

2.3　模型 9：三柱相交模型

例 2.6　求三个底面半径均为 a 的直交圆柱所围立体的体积 V.

演示讲解——模型结合题目

本题可以根据二重积分的几何意义进行求解，重点在于确定积分区域，进而通过计算二重积分求出三柱相交公共部分的体积.

如图 2.9 和图 2.10 所示，该模型是这三个直交圆柱在第一卦限的部分. 首先，观察模型中心三柱相交部分的立体图形，这部分立体在 xOy 平面的投影是以原点为圆心，半径为 a 的圆盘的 $\frac{1}{4}$，而这个区域又被 $\begin{cases} z^2+x^2=R^2, \\ y^2+z^2=R^2, \end{cases}$ 即平面 $y=x$ 分隔为两个部分，且这两部分关于平面 $y=x$ 对称，因此只需要对其中一个部分进行积分.

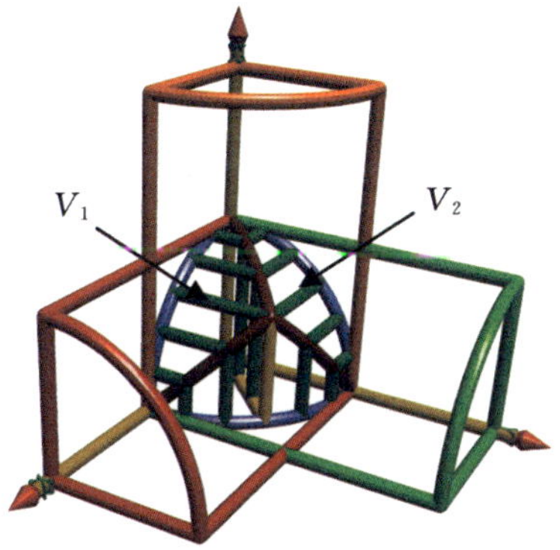

图 2.9

图 2.10

当 $y<x$ 时，将三柱相交部分在第一卦限中的 $\frac{1}{2}$ 立体记为 V_1，它是以 D_{xy} 为底，以 $\sqrt{R^2-x^2}$ 为曲顶的柱体，此时可以观察到积分区域为 $D_{xy}=\{(x, y)$

$|0 \leqslant y \leqslant x, x^2+y^2 \leqslant R^2\}$，所以

$$V_1=V_2=\iint_{D_{xy}} \mathrm{d}x\,\mathrm{d}y\int_0^{\sqrt{R^2-x^2}}\mathrm{d}z=\iint_{D_{xy}}\sqrt{R^2-x^2}\,\mathrm{d}x\,\mathrm{d}y.$$

再观察V_1这个小块，分析x与y的变化范围，当$x\in\left(0, \frac{\sqrt{2}}{2}R\right)$时，$y\in(0, x)$；当$x\in\left(\frac{\sqrt{2}}{2}R, R\right)$时，$y\in\left(0, \sqrt{R^2-x^2}\right)$. 所以上述积分化为

$$\iint_{D_{xy}}\sqrt{R^2-x^2}\,\mathrm{d}x\,\mathrm{d}y=\int_0^{\frac{\sqrt{2}}{2}R}\mathrm{d}x\int_0^x\sqrt{R^2-x^2}\,\mathrm{d}y+\int_{\frac{\sqrt{2}}{2}R}^R\mathrm{d}x\int_0^{\sqrt{R^2-x^2}}\sqrt{R^2-x^2}\,\mathrm{d}y,$$

计算可得上述积分结果为$\frac{2-\sqrt{2}}{2}R^3$.

所以，三柱相交部分体积为$V=\left(16-8\sqrt{2}\right)R^3$.

例 2.7 求三个圆柱面$x^2+y^2=1$，$x^2+z^2=1$，$y^2+z^2=1$所围成立体的表面积.

演示讲解——模型结合题目

本题考查曲面面积的求法. 求曲面面积，通常的方法是找到该曲面在某一坐标平面内的投影，以投影区域作为积分区域，然后由公式

$$S=\iint_D\sqrt{1+(f'_x)^2+(f'_y)^2}\,\mathrm{d}x\,\mathrm{d}y$$

进行计算.

本题中，三柱相交部分的图形较难想象，我们可以借助模型辅助理解. 观察模型，发现这个物体在八个卦限中的部分是对称的，所以只需计算在第一卦限的立体的表面积.

首先应当确定被截面S，而D为其投影区域. 在此题中，视其中一个柱面为被截面S_1，如图2.11所示，根据对称性，该卦限中的立体表面积是该阴影部分面积的3倍.

不妨以$x^2+z^2=1$为被截面，那么

$$S_1=\iint_D\sqrt{1+(f'_x)^2+(f'_y)^2}\,\mathrm{d}x\,\mathrm{d}y=\iint_D\sqrt{1+\frac{x^2}{1-x^2}}\,\mathrm{d}x\,\mathrm{d}y.$$

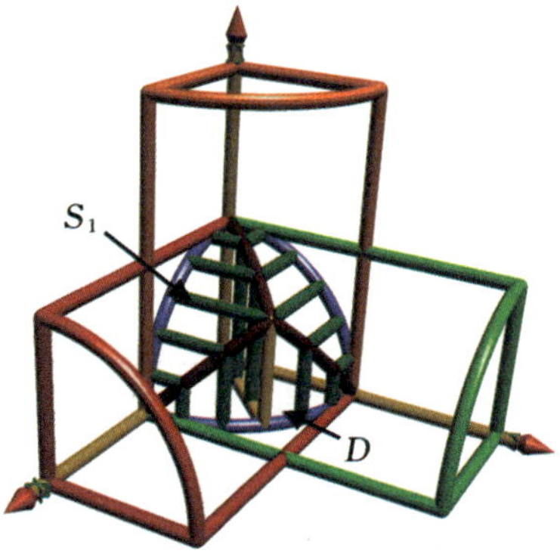

图 2.11

下一步，确定积分区域 D 即可. 区域 D 需要满足 $x^2+y^2\leqslant 1$ 及 $y^2+z^2\leqslant 1$，而由 $x^2+z^2=1$ 可得 $D=\{(x, y)\mid x^2+y^2\leqslant 1, 0\leqslant y\leqslant x\}$.

则该立体图形在第一卦限的表面积应分为两部分进行计算，即

$$
\begin{aligned}
S_1&=\iint\limits_D \sqrt{1+\frac{x^2}{1-x^2}}\,\mathrm{d}x\,\mathrm{d}y\\
&=\int_0^{\frac{\sqrt{2}}{2}}\mathrm{d}x\int_0^x \frac{1}{\sqrt{1-x^2}}\mathrm{d}y+\int_{\frac{\sqrt{2}}{2}}^1\mathrm{d}x\int_0^{\sqrt{1-x^2}}\frac{1}{\sqrt{1-x^2}}\mathrm{d}y\\
&=2-\sqrt{2}.
\end{aligned}
$$

故该立体在第一卦限中的表面积是 $3(2-\sqrt{2})$，而立体的表面积是第一卦限表面积的 8 倍，即 $48-24\sqrt{2}$.

2.4　模型 10：锥面截柱面模型

例 2.8　计算 $\iint\limits_{\Sigma}(xy+yz+zx)\mathrm{d}S$，其中 Σ 为锥面 $z=\sqrt{x^2+y^2}$ 被柱面 $x^2+y^2=2ax$ 所截得的有限部分[5].

演示讲解——模型结合题目

本题考查第一型曲面积分的计算，重点在于将第一型曲面积分化为二重积

分，然后通过观察曲面 Σ 的投影，确定极坐标变换后积分变量的上下限.

如图 2.12 所示，可以看到 Σ 关于 zOx 平面对称，且 xy 和 yz 关于 y 均为奇函数，所以积分可化为 $\iint\limits_{\Sigma} zx\,\mathrm{d}S$.

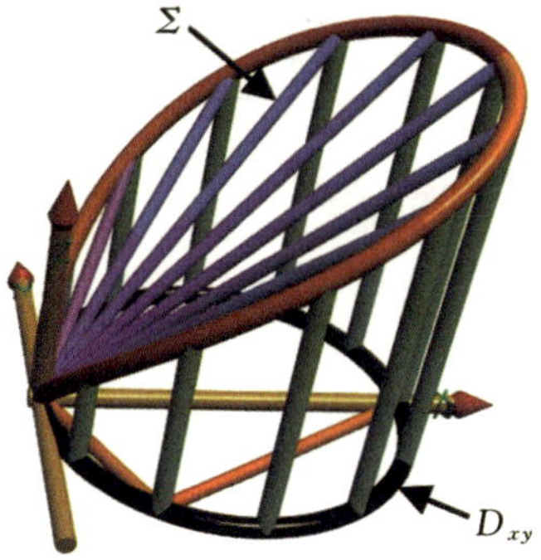

图 2.12

为了找到积分区域，进一步观察模型，发现曲面 Σ 在 xOy 平面上的投影为圆域 $D_{xy}: x^2+y^2 \leqslant 2ax$.

根据第一型曲面积分计算公式，可得

$$\iint\limits_{S} f(x, y, z)\,\mathrm{d}S = \iint\limits_{D} f(x, y, z(x, y))\sqrt{1+z_x^2+z_y^2}\,\mathrm{d}x\,\mathrm{d}y.$$

所以，我们得到

$$\begin{aligned}\iint\limits_{S} zx\,\mathrm{d}S &= \iint\limits_{D_{xy}} x\sqrt{x^2+y^2}\sqrt{1+\frac{x^2+y^2}{x^2+y^2}}\,\mathrm{d}x\,\mathrm{d}y \\ &= \sqrt{2}\iint\limits_{D_{xy}} x\sqrt{x^2+y^2}\,\mathrm{d}x\,\mathrm{d}y.\end{aligned}$$

再作极坐标变换 $\begin{cases} x = \rho\cos\theta, \\ y = \rho\sin\theta, \end{cases}$ 观察模型中圆域 D_{xy}，底面中三角形直角顶点从原点开始沿着底面圆运动一周，得到两个参量的变化范围为

$$\begin{cases} -\dfrac{\pi}{2} \leqslant \theta \leqslant \dfrac{\pi}{2}, \\ 0 \leqslant \rho \leqslant 2a\cos\theta. \end{cases}$$

作极坐标变换后，我们可得到 $\sqrt{2}\int_{-\frac{\pi}{2}}^{\frac{\pi}{2}}\mathrm{d}\theta\int_{0}^{2a\cos\theta}\rho^{3}\cos\theta\mathrm{d}\rho=\frac{64}{15}\sqrt{2}\,a^{4}$.

例 2.9　求均匀曲面 $z=\sqrt{x^2+y^2}$ 被曲面 $x^2+y^2=ax$ 所割下部分的重心的坐标[6].

演示讲解——模型结合题目

本题考查重积分的应用. 利用重积分求曲面的质心，重点在于确定积分区域，化第一型曲面积分为二重积分，求出质量，再利用重心坐标公式，求出重心坐标.

设密度为ρ_0，如图 2.12 所示，观察模型可知积分区域 S 为图中的曲面片，其在 xOy 平面的投影区域为 D_{xy}，则曲面片 Σ 的质量为

$$M=\iint_{S}\rho_0\mathrm{d}S=\sqrt{2}\,\rho_0\iint_{x^2+y^2\leqslant ax}\mathrm{d}x\mathrm{d}y=\sqrt{2}\,\rho_0\left(\frac{a}{2}\right)^2\pi=\frac{\sqrt{2}\,\pi a^2\rho_0}{4}.$$

从而，重心的坐标为

$$\begin{aligned}
x_0&=\frac{\sqrt{2}}{M}\rho_0\iint_{x^2+y^2\leqslant ax}x\,\mathrm{d}x\mathrm{d}y\\
&=\frac{4}{\pi a^2}\int_0^a x\,\mathrm{d}x\int_{-\sqrt{ax-x^2}}^{\sqrt{ax-x^2}}\mathrm{d}y\\
&=\frac{8}{\pi a^2}\int_0^a x\sqrt{ax-x^2}\,\mathrm{d}x\\
&=\frac{8}{\pi a^2}\int_{-\frac{a}{2}}^{\frac{a}{2}}\left(\frac{a}{2}+t\right)\sqrt{\left(\frac{a}{2}\right)^2-t^2}\,\mathrm{d}t\left(t=x-\frac{a}{2}\right)\\
&=\frac{8}{\pi a^2}\int_0^{\frac{a}{2}}\sqrt{\left(\frac{a}{2}\right)^2-t^2}\,\mathrm{d}t\\
&=\frac{a}{2},
\end{aligned}$$

$$y_0=\frac{\sqrt{2}}{M}\rho_0\int_0^a\mathrm{d}x\int_{-\sqrt{ax-x^2}}^{\sqrt{ax-x^2}}y\,\mathrm{d}y=0,$$

$$z_0=\frac{\sqrt{2}}{M}\rho_0\iint_{x^2+y^2\leqslant ax}z\,\mathrm{d}x\mathrm{d}y$$

$$=\frac{4}{\pi a^2}\int_{-\frac{\pi}{2}}^{\frac{\pi}{2}}\mathrm{d}\varphi\int_0^{a\cos\varphi}r^2\mathrm{d}r$$

$$=\frac{8a}{3\pi}\int_0^{\frac{\pi}{2}}\cos^3\varphi\mathrm{d}\varphi$$

$$=\frac{16a}{9\pi}.$$

综上，重心的坐标为$\left(\frac{a}{2},0,\frac{16a}{9\pi}\right)$.

2.5 模型 11：球面截柱面模型

例 2.10 计算球面 $x^2+y^2+z^2=a^2$ 被柱面 $x^2+y^2=ax$ 所截下的球面片 Σ 的面积$\sigma(\Sigma)$[7].

演示讲解——模型结合题目

本题属于第一型曲面积分的应用问题，利用其几何意义求解曲面面积，重点在于利用球坐标变换并确定参数范围.

首先，对 x，y，z 作球坐标变换. 如图 2.13 所示.

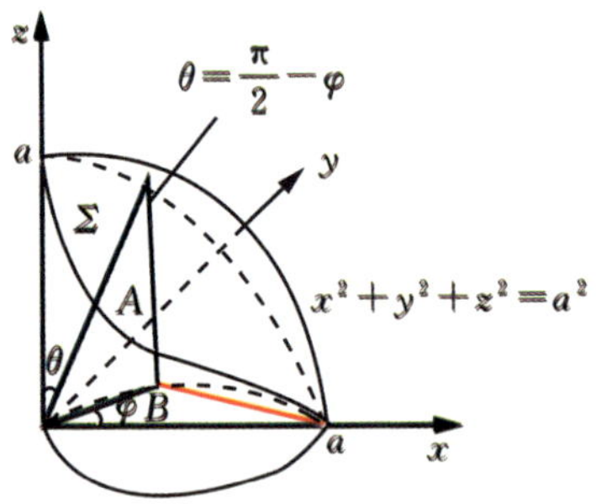

图 2.13

空间上的三角形 A 和圆柱底面的三角形 B 全等，因为两个直角三角形共一条直角边，斜边均是球的半径，可以发现 θ 与 φ 的关系是 $\theta+\varphi=\frac{\pi}{2}$，由此可得交线的球面坐标方程为 $\theta=\frac{\pi}{2}-\varphi$，对应的积分区域为 $\Delta=\left\{(\theta,\varphi)\mid\theta,\varphi\geqslant 0,\theta+\varphi=\frac{\pi}{2}\right\}$.

再观察顶部曲线表示的球面片上的小矩形块，如图 2.14 所示，小矩形块的一边长为 $\mathrm{d}\theta$ 和半径为 a 所对应的弧长，另一边长为 $\mathrm{d}\varphi$ 和半径 $a\sin\theta$ 所对应的弧长，已知两个参数的取值范围为 $\left[0,\frac{\pi}{2}\right]$. 图 2.15 为球面截柱面模型示意.

图 2.14

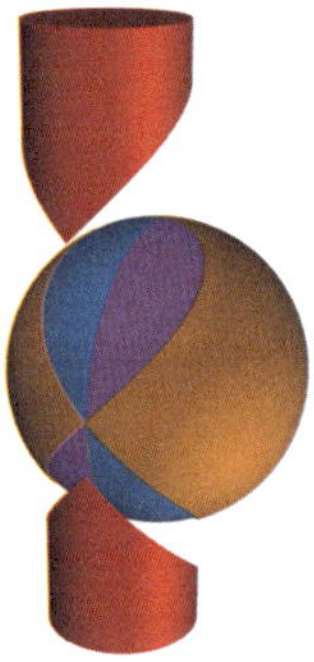

图 2.15

球面片面积可以表示为一个被积函数为 $a^2\sin\theta$，积分区域为 Δ 的二重积分，进一步可以转化为累次积分，最终求出答案.即

$$\begin{aligned}\sigma(\Sigma)&=4\iint_{\Delta}a^2\sin\theta\mathrm{d}\theta\mathrm{d}\varphi\\&=4a^2\int_0^{\frac{\pi}{2}}(-\cos\theta)\Big|_0^{\frac{\pi}{2}-\varphi}\mathrm{d}\varphi\\&=4a^2\int_0^{\frac{\pi}{2}}(1-\sin\varphi)\,\mathrm{d}\varphi\\&=4a^2\left(\frac{\pi}{2}-1\right)\\&=2a^2(\pi-2).\end{aligned}$$

例 2.11 用第一型曲线积分计算球体 $x^2+y^2+z^2\leqslant a^2$ 被柱面 $x^2+y^2=ax$ 所截部分的侧面积 S.

演示讲解——模型结合题目

本题属于利用第一型曲线积分的几何意义求面积的问题，重点在于利用球柱相交部分立体图形的特点，确定积分区域.

如图 2.16 所示，绿色阴影部分为所求侧面积的一半，我们可以通过计算第一型曲线积分来计算它，其中 L：$x^2+y^2=ax$ 是平面 xOy 上一段光滑曲线，$z=f(x,y)=\sqrt{a^2-(x^2+y^2)}$ 为定义在 L 上的非负连续函数.L 化为参数形式为

图 2.16

$$\begin{cases} x=\dfrac{a}{2}\cos t+\dfrac{a}{2}, \\ y=\dfrac{a}{2}\sin t, \end{cases} \quad t\in\left[-\dfrac{\pi}{2},\dfrac{\pi}{2}\right].$$

故由第一型曲线积分的几何意义，我们可以求出如图 2.16 所示部分的侧面积为

$$\begin{aligned}\frac{1}{2}S&=\int_L f(x,y)\,\mathrm{d}s\\ &=\int_{-\frac{\pi}{2}}^{\frac{\pi}{2}}\sqrt{a^2-\left(\left(\frac{a}{2}\cos t+\frac{a}{2}\right)^2+\left(\frac{a}{2}\sin t\right)^2\right)}\sqrt{\left(\frac{a}{2}\sin t\right)^2+\left(\frac{a}{2}\cos t\right)^2}\,\mathrm{d}t\\ &=\int_{-\frac{\pi}{2}}^{\frac{\pi}{2}}\sqrt{\frac{a^2}{2}-\frac{a^2}{2}\cos t}\sqrt{\frac{a^2}{4}}\,\mathrm{d}t\end{aligned}$$

$$=\frac{a^2}{2}\int_{-\frac{\pi}{2}}^{\frac{\pi}{2}}\sqrt{\frac{1-\cos t}{2}}\,\mathrm{d}t$$

$$=\frac{a^2}{2}\int_{-\frac{\pi}{2}}^{\frac{\pi}{2}}\sqrt{\sin^2\frac{t}{2}}\,\mathrm{d}t$$

$$=\frac{a^2}{2}\int_{-\frac{\pi}{2}}^{\frac{\pi}{2}}\left|\sin\frac{t}{2}\right|\mathrm{d}t$$

$$=a^2\int_{0}^{\frac{\pi}{2}}\sin\frac{t}{2}\,\mathrm{d}t$$

$$=2a^2\left(-\cos\frac{t}{2}\right)\Big|_0^{\frac{\pi}{2}}$$

$$=a^2\left(2-\sqrt{2}\right).$$

综上，整个被截部分的侧面积为 $S=2a^2\left(2-\sqrt{2}\right)$.

例 2.12　求球体 $x^2+y^2+z^2=R^2$ 被柱面 $x^2+y^2=Rx$ 所割下部分的体积(这部分立体称为维维安尼(Viviani)体)[1].

演示讲解——模型结合题目

本题考查三重积分的应用. 求立体图形的体积，重点在于确定积分区域 D，用参数进行变量替换后再确定参数的取值范围.

如图 2.17 所示，可以发现所求立体图形具有对称性，故只要求出在第一卦

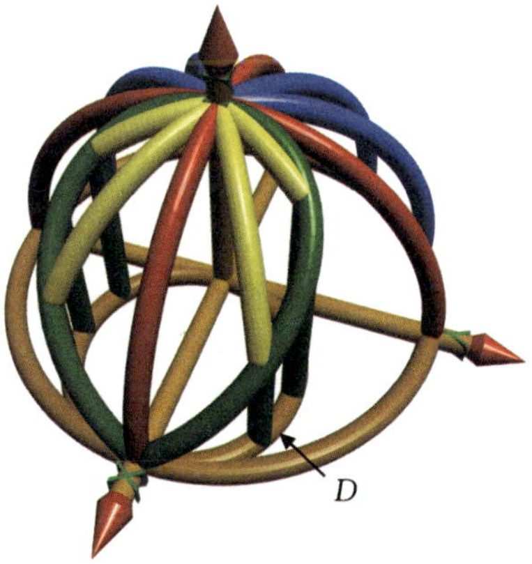

图 2.17

限部分体积后乘以 4 即可. 注意到在第一卦限内的立体是一个曲顶柱体，其底为 xOy 平面内由 $y \geqslant 0$ 和 $x^2 + y^2 \leqslant Rx$ 所确定的区域.

由投影法，得到

$$V = \iint_D \mathrm{d}x\,\mathrm{d}y \int_0^{\sqrt{R^2 - x^2 - y^2}} \mathrm{d}z,$$

其中 $D = \{(x, y) \mid x^2 + y^2 \geqslant Rx\}$.

利用极坐标变换 $\begin{cases} x = r\cos\theta, \\ y = r\sin\theta, \end{cases}$ 其中 $S = \left\{(r, \theta) \mid 0 \leqslant r \leqslant R\cos\theta,\ 0 \leqslant \theta \leqslant \dfrac{\pi}{2}\right\}$,

可得

$$\begin{aligned} V &= 4\iint_D \mathrm{d}x\,\mathrm{d}y \int_0^{\sqrt{R^2 - x^2 - y^2}} \mathrm{d}z \\ &= 4\int_0^{\frac{\pi}{2}} \mathrm{d}\theta \int_0^{R\cos\theta} \sqrt{R^2 - r^2}\, r\,\mathrm{d}r \\ &= \frac{4}{3} R^3 \int_0^{\frac{\pi}{2}} (1 - \sin^3\theta)\,\mathrm{d}\theta \\ &= \frac{4}{3} R^3 \left(\frac{\pi}{2} - \frac{2}{3}\right). \end{aligned}$$

例 2.13 计算曲线积分 $\int_{L^+} y^2 \mathrm{d}x + z^2 \mathrm{d}y + x^2 \mathrm{d}z$，其中 L^+：$\begin{cases} x^2 + y^2 + z^2 = R^2, \\ x^2 + y^2 = Rx. \end{cases}$ $(R > 0,\ z \geqslant 0,)$ L^+ 的指向为顺时针方向[2].

演示讲解——模型结合题目

本题考查第二型曲线积分的计算，重点是曲线的定向及参数的取值范围.

首先对 x，y，z 进行球坐标变换. 令 $\begin{cases} x = r\sin\varphi\cos\theta, \\ y = r\sin\varphi\sin\theta, \\ z = r\cos\varphi, \end{cases}$ 由 $x^2 + y^2 + z^2 = R^2$，得 $r = R$.

如图 2.18 所示，空间上的三角形 A 和圆柱底面的三角形 B 全等，因为两个

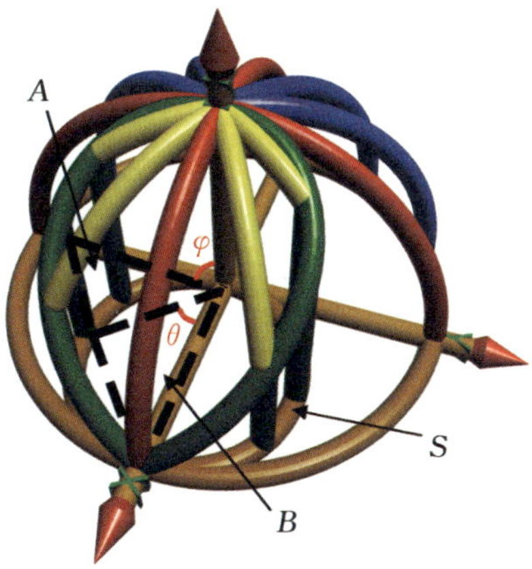

图 2.18

直角三角形共一条直角边，斜边均是球的半径，可以发现 θ 与 φ 的关系是 $\theta+\varphi=\frac{\pi}{2}$，由此可得交线的球面坐标方程为 $\varphi=\frac{\pi}{2}-\theta$，故 $\begin{cases}x=R\cos^2\varphi,\\ y=R\sin\varphi\cos\varphi,\\ z=\operatorname{sgn}\varphi R\sin\varphi.\end{cases}$ φ 从 $\frac{\pi}{2}$ 到 $-\frac{\pi}{2}$.

记 $I=\int_{L+}y^2\mathrm{d}x+z^2\mathrm{d}y+x^2\mathrm{d}z$，那么

$$\begin{aligned}I&=\int_{\frac{\pi}{2}}^{-\frac{\pi}{2}}[R^2\sin^2\varphi\cos^2\varphi(-2R\sin\varphi\cos\varphi)+R^2\sin^2\varphi R(\cos^2\varphi-\sin^2\varphi)+\\&\quad R^2\cos^4\varphi\operatorname{sgn}\varphi R\cos\varphi]\mathrm{d}\varphi\\&=\int_{\frac{\pi}{2}}^{-\frac{\pi}{2}}R^2\sin^2\varphi R(\cos^2\varphi-\sin^2\varphi)\mathrm{d}\varphi\\&=-2R^3\int_0^{\frac{\pi}{2}}\frac{1-\cos2\varphi}{2}\cos2\varphi\mathrm{d}\varphi\\&=R^3\int_0^{\frac{\pi}{2}}\frac{1+\cos4\varphi}{2}\mathrm{d}\varphi=\frac{\pi R^3}{4}.\end{aligned}$$

另外，第二型曲面积分取 S：$x^2+y^2\leqslant Rx$ 的下方，则本题也可以直接使用 Stokes 公式，计算过程如下，

$$
\begin{aligned}
I &= -\iint_S z\,\mathrm{d}y\,\mathrm{d}z + x\,\mathrm{d}z\,\mathrm{d}x + y\,\mathrm{d}x\,\mathrm{d}y \\
&= 2\iint_S \left[z\cos(\mathbf{n},\ x) + x\cos(\mathbf{n},\ y) + y\cos(\mathbf{n},\ z) \right] \mathrm{d}S \\
&= 2\iint_S \left[z \cdot \frac{x}{R} + x \cdot \frac{y}{R} + y \cdot \frac{z}{R} \right] \mathrm{d}S \\
&= \frac{2}{R}\iint_S (zx + xy + yz)\,\mathrm{d}S \\
&= \frac{2}{R}\iint_S zx\,\mathrm{d}S \\
&= \frac{2}{R}\iint_{x^2+y^2\leqslant Rx} \sqrt{R^2-(x^2+y^2)}\,x \cdot \frac{R}{\sqrt{R^2-(x^2+y^2)}}\,\mathrm{d}x\,\mathrm{d}y \\
&= 2\iint_{x^2+y^2\leqslant Rx} x\,\mathrm{d}x\,\mathrm{d}y \\
&= 2\int_{-\frac{\pi}{2}}^{\frac{\pi}{2}} \mathrm{d}\theta \int_0^{R\cos\theta} r\cos\theta \cdot r\,\mathrm{d}r \\
&= \frac{\pi R^3}{4}.
\end{aligned}
$$

第 3 章　与球面相关模型

3.1　模型 12：球、圆锥和二次锥面组合体模型

例 3.1　设 P、Q、R 为一元连续函数，Q 为奇函数，S 为球面 $x^2+y^2+z^2=1$ 上 $\sqrt{x^2+y^2}\leqslant kz(k>0)$，$y^2\leqslant 2xz$ 的部分.L 为 S 的边界曲线，L^+ 规定为 L 上逆时针方向(从 z 轴正向往下看). 求 $\oint_{L^+}P(z)\mathrm{d}z+Q(y)\mathrm{d}y+R(x)\mathrm{d}x$[2].

演示讲解——模型结合题目

本题考查第二型曲线积分的计算，重点在于确定积分曲线的形状及特征，利用旋转变换，将难以确定的曲面转化成易表示的曲面形状，从而再利用对称性求解题目.

令 $x=\dfrac{u-v}{\sqrt{2}}$，$z=\dfrac{u+v}{\sqrt{2}}$，将二次锥面 $y^2=2xz$ 转化成以 u 轴为对称轴的直角圆锥 $u^2=y^2+v^2$.

如图 3.1 所示，题目中的 S 变为球面 $x^2+y^2+z^2=1$ 上夹在两个圆锥 $\sqrt{x^2+y^2}\leqslant kz$，$\sqrt{y^2+v^2}\leqslant u$ 之间的部分.

进而观察模型，积分曲线关于 xOz 平面对称，根据所求积分，观察积分曲线的对称点，而后得到其在各个方向上的抵消情况.

图 3.1

在对称点上 $P(z)$ 的大小相等，符号相同，而 $\mathrm{d}x$ 符号相反，因此 $\oint_{L^+} P(z)\mathrm{d}z=0$.

在对称点上 $Q(y)$ 的大小相等，符号相反，而 $\mathrm{d}y$ 符号相同，因此 $\oint_{L^+} Q(y)\mathrm{d}y=0$.

在对称点上 $R(x)$ 的大小相等，符号相同，而 $\mathrm{d}z$ 符号相反，因此 $\oint_{L^+} R(x)\mathrm{d}x=0$.

故 $\oint_{L^+} P(z)\mathrm{d}z+Q(y)\mathrm{d}y+R(x)\mathrm{d}x=0$.

3.2 模型 13：球体、圆锥体组合模型

例 3.2 求由圆锥体 $z \geqslant \sqrt{x^2+y^2}\cot\beta$ 和球体 $x^2+y^2+(z-a)^2 \leqslant a^2$ 组合形成的立体图形的体积，其中 $\beta \in \left(0, \dfrac{\pi}{2}\right)$ 和 $(a>0)$ 为常数[1].

演示讲解——模型结合题目

本题考查三重积分的应用. 利用三重积分求立体图形的体积，重点在于确

定积分区域 V，然后用参数进行变量替换，再确定参数的取值范围.

同时，本题目由于涉及变量替换，故在此也可以演示三重积分的计算过程，即分割、近似、求和、取极限，方便初学者清楚这类问题怎么做.

第一步：观察立体图，用参数表示变量.

如图 3.2 所示，可以看到这是一个部分球体与部分圆锥体的组合图形，故可以使用球坐标变换，即把 x，y，z 转化成 r，θ，φ.

图 3.2

在球坐标变换下，有 $\begin{cases} x = r\sin\varphi\cos\theta, \\ y = r\sin\varphi\sin\theta, \\ z = r\cos\varphi. \end{cases}$

故球面方程可表示为 $r = 2a\cos\varphi$，而锥面方程为 $z = \sqrt{x^2 + y^2}\cot\beta$.

结合模型中体现的数量关系，易得 $r\cos\varphi = r\sin\varphi\cot\beta$. 从而得到锥面方程为 $\varphi = \beta$.

第二步：理解积分意义.

利用此模型，读者可以直观地观察到球坐标系下的体积微元的几何表示，如图 3.3 所示.

图 3.3

可以看到模型中伸出来的部分相当于是积分过程中的一小块积分区域，然后可以直观地看到 $d\theta$、$d\varphi$ 和 dr，并理解这一分割的原理.

第三步：求参数的取值范围并计算体积.

对于 θ，可直接得到 θ 的范围为 $0 \leqslant \theta \leqslant 2\pi$.

对于 φ，由于 φ 是从原点出发的直线与 z 轴正半轴的夹角，而锥面方程为 $\varphi = \beta$，故参数 φ 的取值范围为 $0 \leqslant \varphi \leqslant \beta$.

对于 r，由于球面方程为 $r = 2a\cos\varphi$，故 r 的范围为 $0 \leqslant r \leqslant 2a\cos\varphi$.

所以积分区域为

$$\{(r,\theta,\varphi) \mid 0 \leqslant r \leqslant 2a\cos\varphi,\ 0 \leqslant \varphi \leqslant \beta,\ 0 \leqslant \theta \leqslant 2\pi\}.$$

故所求体积为

$$\iiint\limits_V dV = \int_0^{2\pi} d\theta \int_0^{\beta} d\varphi \int_0^{2a\cos\varphi} r^2 \sin\varphi \, dr = \frac{4}{3}\pi a^3 (1 - \cos^4\beta).$$

例 3.3 利用球面坐标计算三重积分 $\iiint\limits_{\Omega} z\,dv$，其中闭区域 Ω 由不等式 $x^2 + y^2 + (z-a)^2 \leqslant a^2$，$x^2 + y^2 \leqslant z^2$ 所确定[5].

演示讲解——模型结合题目

本题考查三重积分的计算. 观察模型，积分区域为球体的一部分和圆锥体的一部分组合而成的图形，故考虑使用球坐标变换.

在球坐标变换下，有$\begin{cases} x = r\sin\varphi\cos\theta, \\ y = r\sin\varphi\sin\theta, \\ z = r\cos\varphi, \end{cases}$于是球体 $x^2+y^2+(z-a)^2 \leqslant a^2$ 用球坐标表示为 $r \leqslant 2a\cos\varphi$ ；圆锥体 $x^2+y^2 \leqslant z^2$ 表示为 $\tan\varphi \leqslant 1$，即 $\varphi \leqslant \dfrac{\pi}{4}$.

因此，积分区域为 $\Omega = \{(r, \theta, \varphi) \mid 0 \leqslant r \leqslant 2a\cos\varphi, 0 \leqslant \varphi \leqslant \dfrac{\pi}{4}, 0 \leqslant \theta \leqslant 2\pi\}$. 如图 3.4 所示.

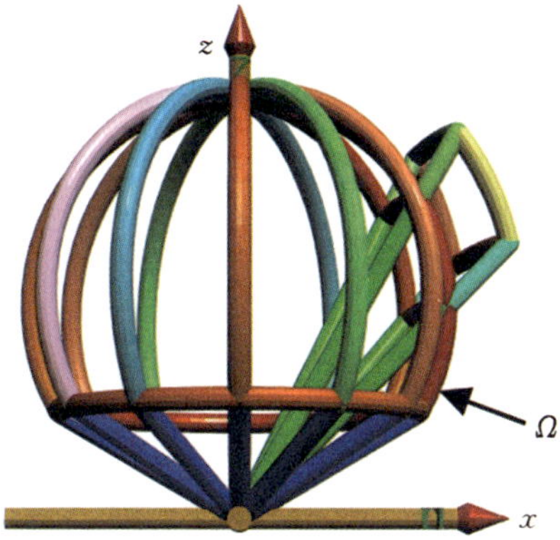

图 3.4

故有

$$\begin{aligned}
\iiint_{\Omega} z\,\mathrm{d}v &= \iiint_{\Omega} r\cos\varphi \cdot r^2\sin\varphi\,\mathrm{d}r\,\mathrm{d}\varphi\,\mathrm{d}\theta \\
&= \int_0^{2\pi}\mathrm{d}\theta\int_0^{\frac{\pi}{4}}\cos\varphi\sin\varphi\,\mathrm{d}\varphi\int_0^{2a\cos\varphi} r^3\,\mathrm{d}r \\
&= \int_0^{2\pi}\mathrm{d}\theta\int_0^{\frac{\pi}{4}}\cos\varphi\sin\varphi \cdot \frac{1}{4}(2a\cos\varphi)^4\,\mathrm{d}\varphi \\
&= 2\pi\int_0^{\frac{\pi}{4}} 4a^4\cos^5\varphi\sin\varphi\,\mathrm{d}\varphi \\
&= 8\pi a^4\left[-\frac{\cos^6\varphi}{6}\right]\Bigg|_0^{\frac{\pi}{4}} \\
&= \frac{7}{6}\pi a^4.
\end{aligned}$$

例 3.4 利用三重积分计算由下列曲面所围成的立体的体积：$x^2+y^2+z^2=2az$ $(a>0)$ 及 $x^2+y^2=z^2$（含有 z 轴的部分）[5].

演示讲解——模型结合题目

如图 3.4 所示，这是一个半球和部分圆锥体的组合图形，故考虑使用球坐标变换.

在球坐标变换下，有 $\begin{cases} x=r\sin\varphi\cos\theta, \\ y=r\sin\varphi\sin\theta, \\ z=r\cos\varphi. \end{cases}$

同例 3.3，得到积分区域为 $\Omega=\{(r,\theta,\varphi)\mid 0\leqslant r\leqslant 2a\cos\varphi,\ 0\leqslant\varphi\leqslant\frac{\pi}{4},\ 0\leqslant\theta\leqslant 2\pi\}$.

故有

$$
\begin{aligned}
V&=\iiint_{\Omega}\mathrm{d}v=\iiint_{\Omega}r^2\sin\varphi\,\mathrm{d}r\,\mathrm{d}\varphi\,\mathrm{d}\theta \\
&=\int_0^{2\pi}\mathrm{d}\theta\int_0^{\frac{\pi}{4}}\sin\varphi\,\mathrm{d}\varphi\int_0^{2a\cos\varphi}r^2\,\mathrm{d}r \\
&=2\pi\int_0^{\frac{\pi}{4}}\frac{8a^3}{3}\sin\varphi\ \cos^3\varphi\,\mathrm{d}\varphi \\
&=\frac{16\pi a^3}{3}\left[-\frac{1}{4}\cos^4\varphi\right]\Big|_0^{\frac{\pi}{4}} \\
&=\pi a^3.
\end{aligned}
$$

例 3.5 求例 3.3 中曲面所围成的立体的表面积.

演示讲解——模型结合题目

记所求表面积为 S. 如图 3.5 所示，这是一个半球和部分圆锥体的组合图形，故可以先分别求半球部分表面积S_1 和圆锥体部分的表面积S_2，然后再进行求和.

对于半球部分：

表面积为$S_1=\iint_{D_1}\sqrt{1+\frac{x^2}{a^2-x^2-y^2}+\frac{y^2}{a^2-x^2-y^2}}\,\mathrm{d}x\,\mathrm{d}y$，其中，积分区

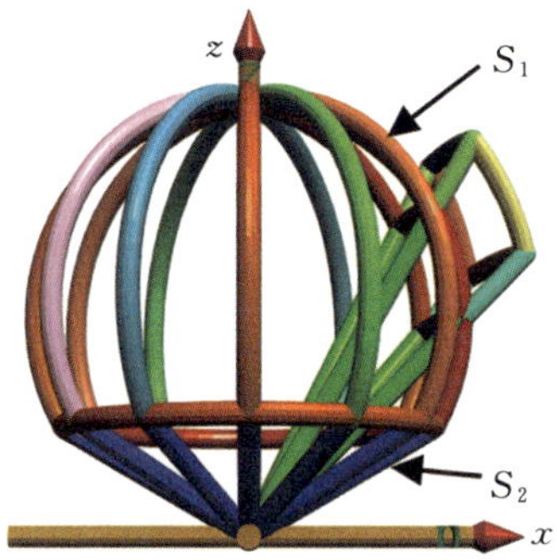

图 3.5

域为$D_1=\{(x,y)\mid x^2+y^2\leqslant a^2\}$.

使用坐标变换 $\begin{cases}x=r\cos\theta,\\ y=r\sin\theta,\end{cases}$ 得新的积分区域为$\Omega_1=\{(r,\theta)\mid 0\leqslant r\leqslant a,$ $0\leqslant\theta\leqslant 2\pi\}$.

于是

$$
\begin{aligned}
S_1&=\iint_{D_1}\sqrt{1+\frac{x^2}{a^2-x^2-y^2}+\frac{y^2}{a^2-x^2-y^2}}\,dx\,dy\\
&=\iint_{\Omega_1}\sqrt{\frac{a^2}{a^2-r^2}}\,r\,dr\,d\theta\\
&=2a\pi\int_0^a\frac{r}{\sqrt{a^2-r^2}}dr\\
&=2a\pi\left(-\sqrt{a^2-r^2}\right)\Big|_0^a\\
&=2\pi a^2.
\end{aligned}
$$

对于圆锥部分：

在球坐标变换下，有 $\begin{cases}x=\dfrac{\sqrt{2}}{2}r\cos\theta,\\ y=\dfrac{\sqrt{2}}{2}r\sin\theta,\\ z=\dfrac{\sqrt{2}}{2}r,\end{cases}$ 其中，积分区域为

$$D_2=\{(r,\theta)\mid 0\leqslant r\leqslant\sqrt{2}a,0\leqslant\theta\leqslant 2\pi\}.$$

那么

$$X_r=\left(\frac{\sqrt{2}}{2}\cos\theta,\frac{\sqrt{2}}{2}\sin\theta,\frac{\sqrt{2}}{2}\right),X_\theta=\left(-\frac{\sqrt{2}}{2}r\sin\theta,\frac{\sqrt{2}}{2}r\cos\theta,0\right).$$

于是 $E=X_r\cdot X_r$，$G=X_\theta\cdot X_\theta$，$F=X_R\cdot X_\theta$，$\sqrt{EG-F^2}=\dfrac{\sqrt{2}}{2}r.$

进而有

$$S_2=\iint\limits_{D_2}\frac{\sqrt{2}}{2}r\,\mathrm{d}r\,\mathrm{d}\theta=\int_0^{2\pi}\mathrm{d}\theta\int_0^{\sqrt{2}a}\frac{\sqrt{2}}{2}r\,\mathrm{d}r=\sqrt{2}\pi a^2.$$

综上，所求表面积为 $S=S_1+S_2=(2+\sqrt{2})\pi a^2.$

3.3 模型 14：球面截双曲面模型

例 3.6 计算积分 $\iiint\limits_V xy^2z\,\mathrm{d}x\,\mathrm{d}y\,\mathrm{d}z$，其中 V 由 $x^2+y^2+z^2\leqslant 1$ 和 $x^2+y^2-z^2\geqslant\dfrac{1}{2}$ 所确定[3].

演示讲解——模型结合题目

本题考查三重积分的计算，重点在于根据积分区域特征选用柱面坐标变换，然后找到积分上下限.

在积分过程中需要注意相交立体图形的分割，并分别进行积分. 如图 3.6 所示，观察到球面与双曲面相交的部分为中间一个环形的立体图形 V.

首先，作柱面坐标变换 $T:\begin{cases}x=r\cos\theta,\\ y=r\sin\theta,\\ z=z,\end{cases}$ $(r,\theta,z)\in[0,+\infty)\times[0,2\pi]\times(-\infty,+\infty)$.

计算 $J(r,\theta,z)$，可得 $J(r,\theta,z)=r.$

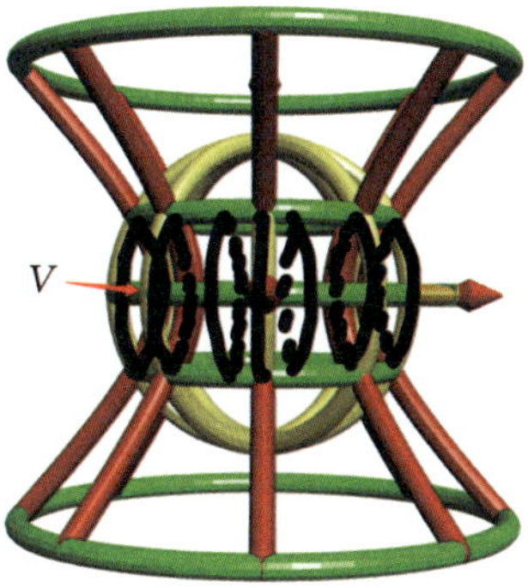

图 3.6

然后环带可以根据 z 的表达式分开为两部分，双曲面分别和 xOy 平面、球面相交(其中与球面的相交线和 z 轴夹角为$\frac{\pi}{3}$)，因此计算得到其中一部分 r 的取值范围为$\left[\frac{\sqrt{2}}{2}, \frac{\sqrt{3}}{2}\right]$，且 $z\in\left[-\sqrt{r^2-\frac{1}{2}}, \sqrt{r^2-\frac{1}{2}}\right]$；对应的另一部分 $r\in\left[\frac{\sqrt{3}}{2}, 1\right]$，且 $z\in[-\sqrt{1-r^2}, \sqrt{1-r^2}]$.

所以

$$
\begin{aligned}
\iiint_V xy^2z\,\mathrm{d}x\,\mathrm{d}y\,\mathrm{d}z &= \int_0^{2\pi}\mathrm{d}\theta\int_{\frac{\sqrt{2}}{2}}^{\frac{\sqrt{3}}{2}}\mathrm{d}r\int_{-\sqrt{r^2-\frac{1}{2}}}^{\sqrt{r^2-\frac{1}{2}}} z\,r^4\,\sin^2\theta\cos\theta\,\mathrm{d}z \\
&\quad + \int_0^{2\pi}\mathrm{d}\theta\int_{\frac{\sqrt{3}}{2}}^{1}\mathrm{d}r\int_{-\sqrt{1-r^2}}^{\sqrt{1-r^2}} z\,r^4\,\sin^2\theta\cos\theta\,\mathrm{d}z \\
&= 0.
\end{aligned}
$$

3.4　模型 15：三球相交模型

例 3.7　设三个球体的半径为 a，球心分别位于边长为 a 的正三角形的三个顶点上. 求此三球相交公共部分的体积.

演示讲解——模型结合题目

设三个球体的半径为 a，球心分别为 $A\left(\frac{1}{2}a, \frac{\sqrt{3}}{2}a, 0\right)$，$B(0, 0, 0)$，$C(a, 0, 0)$，公共部分中心为 O. 记三个球的方程分别为

球 A：$\left(x-\frac{a}{2}\right)^2+\left(y-\frac{\sqrt{3}}{2}a\right)^2+z^2=a^2$，球 B：$x^2+y^2+z^2=a^2$，球 C：$(x-a)^2+y^2+z^2=a^2$，三球相交公共部分的体积记为 V，如图 3.7 和图 3.8 所示：

图 3.7

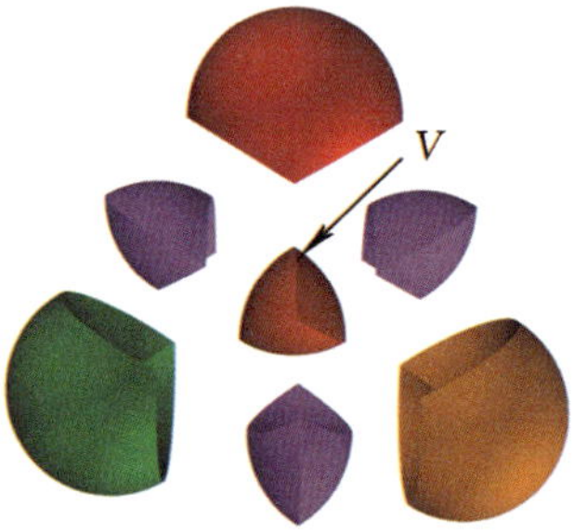

图 3.8

将公共部分 V 分为上下两部分，将上半部分在 xOy 平面的投影区域分为相同的六部分，下面计算球面 $x^2+y^2+z^2=a^2$ 在投影区域 OCM 上的积分，如图 3.9 所示，作 MN 垂直于 x 轴，将区域分为两部分，一部分从 $y=-\frac{\sqrt{3}}{3}(x-a)$ 到 $y=\frac{\sqrt{3}}{3}x$，记此部分对应立体的体积为V_1；一部分从 $y=-\frac{\sqrt{3}}{3}(x-a)$ 到 $y=\sqrt{a^2-x^2}$，记此部分对应立体的体积为V_2.

由模型可知，$\frac{1}{12}V=V_1+V_2$.

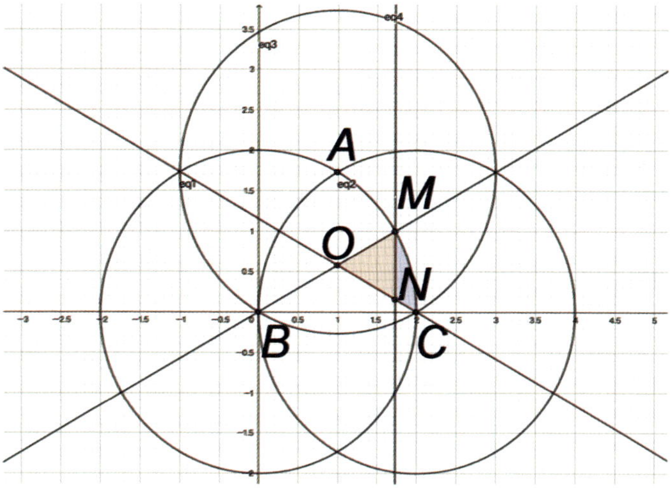

图 3.9

又因为

$$V_1=\int_{\frac{a}{2}}^{\frac{\sqrt{3}}{2}a}\mathrm{d}x\int_{-\frac{\sqrt{3}}{3}(x-a)}^{\frac{\sqrt{3}}{3}x}\sqrt{a^2-x^2-y^2}\,\mathrm{d}y$$

$$=\int_{\frac{a}{2}}^{\frac{\sqrt{3}}{2}a}\mathrm{d}x\ \frac{1}{2}\left[y\sqrt{a^2-x^2-y^2}+(a^2-x^2)\arctan\frac{y}{\sqrt{a^2-x^2-y^2}}\right]\Bigg|_{-\frac{\sqrt{3}}{3}(x-a)}^{\frac{\sqrt{3}}{3}x}$$

$$=\int_{\frac{a}{2}}^{\frac{\sqrt{3}}{2}a}\frac{1}{6}\left(-\sqrt{2}aE+\sqrt{2}xE+xF\right)\mathrm{d}x$$

$$+\int_{\frac{a}{2}}^{\frac{\sqrt{3}}{2}a}\frac{1}{6}\left(-3(a^2-x^2)\arctan\left(\frac{a-x}{\sqrt{2}E}\right)+3(a^2-x^2)\arctan\left(\frac{x}{F}\right)\right)\mathrm{d}x$$

$$=\frac{1}{6}\left(\frac{1}{192}\left(-16F^3-24\sqrt{2}a(4x-a)E\right)\right)\Bigg|_{\frac{a}{2}}^{\frac{\sqrt{3}}{2}a}$$

$$+\frac{1}{6}\left(\frac{1}{192}\left(2\sqrt{2}(-19a^2-4ax+32x^2)E+81a^3\arctan\left(\frac{a-4x}{2\sqrt{2}E}\right)\right)\right)\Bigg|_{\frac{a}{2}}^{\frac{\sqrt{3}}{2}a}$$

$$+\frac{1}{6}\left(\frac{1}{4}\left(a^2F-4x(x^2-3a^2)\arctan\left(\frac{x}{F}\right)-8a^3\arctan\left(\frac{a}{F}\right)\right)\right)\Bigg|_{\frac{a}{2}}^{\frac{\sqrt{3}}{2}a}$$

$$+\frac{1}{6}\left(\frac{a\left(61a^2E\arctan\left(\frac{\sqrt{2}(a-x)}{E}\right)+\sqrt{2}(5a^3+a^2x-14ax^2+8x^3)\right)}{32E}\right)\Bigg|_{\frac{a}{2}}^{\frac{\sqrt{3}}{2}a}$$

$$+\frac{1}{6}\left(\frac{-32(2a-x)(a+x)^2E\arctan\left(\frac{a-x}{\sqrt{2}E}\right)}{32E}\right)\Bigg|_{\frac{a}{2}}^{\frac{\sqrt{3}}{2}a}$$

$$\approx 0.044606a^3,$$

其中，$E=\sqrt{a^2+ax-2x^2}$，$F=\sqrt{3a^2-4x^2}$.

同理可得

$$V_2=\int_{\frac{\sqrt{3}}{2}a}^{a}\mathrm{d}x\int_{-\frac{\sqrt{3}}{3}(x-a)}^{\sqrt{a^2-x^2}}\sqrt{a^2-x^2-y^2}\,\mathrm{d}y$$

$$=\int_{\frac{\sqrt{3}}{2}a}^{a}\mathrm{d}x\ \frac{1}{2}\left[y\sqrt{a^2-x^2-y^2}+(a^2-x^2)\arctan\left(\frac{y}{\sqrt{a^2-x^2-y^2}}\right)\right]\Bigg|_{-\frac{\sqrt{3}}{3}x+\frac{\sqrt{3}}{3}a}^{\sqrt{a^2-x^2}}$$

$$=\int_{\frac{\sqrt{3}}{2}a}^{a}\left[\frac{a-x}{12}(-2\sqrt{2}E+3\pi a+3\pi x)-\frac{a^2-x^2}{2}\arctan\left(\frac{a-x}{\sqrt{2}E}\right)\right]\mathrm{d}x$$

$$=\frac{1}{192}\left[61a^3\arctan\left(\frac{\sqrt{2}(a-x)}{E}\right)-32(2a-x)(a+x)^2\arctan\left(\frac{a-x}{\sqrt{2}E}\right)\right]\Bigg|_{\frac{\sqrt{3}}{2}a}^{a}$$

$$+\frac{1}{12}\left(-\frac{(7a^2+52ax-32x^2)E}{24\sqrt{2}}+3\pi a^2x+\frac{27}{32}a^3\arctan\left(\frac{a-4x}{2\sqrt{2}E}\right)\right)\Bigg|_{\frac{\sqrt{3}}{2}a}^{a}$$

$$+\left[\frac{a(5a^3+a^2x-14ax^2+8x^3)}{96\sqrt{2}E}-\frac{\pi x^3}{12}\right]\Bigg|_{\frac{\sqrt{3}}{2}a}^{a}$$

$$\approx 0.011388a^3.$$

（E 的表达式同上，即 $E=\sqrt{a^2+ax-2x^2}$.）

所以，三球相交公共部分的体积 $V=12\times(V_1+V_2)\approx 0.6718a^3$.

3.5 模型 16：四球相交模型

例 3.8 设四个球体的半径为 a，球心分别位于棱长为 a 的正四面体的四个顶点上. 求此四球相交公共部分的体积.

演示讲解——模型结合题目

这四个球相交的公共部分称为莱洛四面体. 在三球相交的基础上，增加第四个球 D：$\left(x-\frac{a}{2}\right)^2+\left(y-\frac{\sqrt{3}}{6}a\right)^2+\left(z-\frac{\sqrt{6}}{3}a\right)^2=a^2$，则四球相交公共部分的体积 $V'=\frac{1}{2}$ 三球相交公共部分的体积 $V+$ 第四个球面在莱洛三角形上的积分 V''.如图 3.10 和图 3.11 所示.

图 3.10

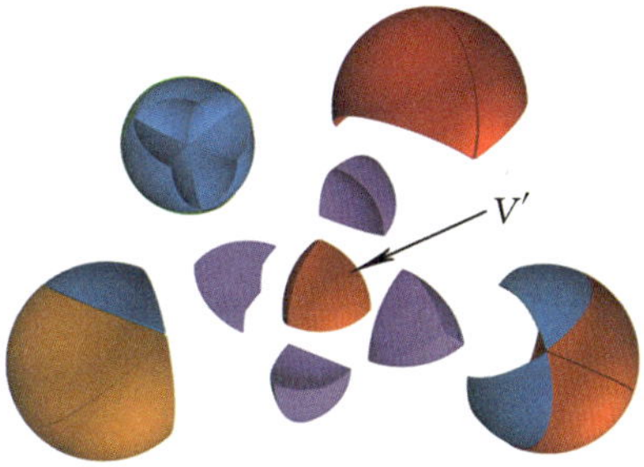

图 3.11

因为 $\frac{1}{2}V=\frac{1}{2}\times 0.6718a^3=0.3359a^3$，又因为在计算第四个球面在莱洛三角形上的积分时，第四个球面的投影区域与其他三球相同，则 $\frac{1}{6}V''=V''_1+V''_2$.

令 $f(x)=\frac{\sqrt{3}}{6}a-\sqrt{a^2-\left(x-\frac{1}{2}a\right)^2-\left(y-\frac{\sqrt{3}}{6}a\right)^2}$，

所以，部分积分采用定积分的近似计算法，求得

$$
\begin{aligned}
M_1 &= \int_{\frac{a}{2}}^{\frac{\sqrt{3}}{2}a} \mathrm{d}x \int_{-\frac{\sqrt{3}}{3}(x-a)}^{\frac{\sqrt{3}}{3}x} f(x)\mathrm{d}y \\
&= \int_{\frac{a}{2}}^{\frac{\sqrt{3}}{2}a} \mathrm{d}x\ \frac{1}{\sqrt{3}}\left[\left(\frac{y}{2}-\frac{a}{4\sqrt{3}}\right)\left(-\sqrt{2a^2+3ax+\sqrt{3}ay-3x^2-3y^2}\right)\right]\Bigg|_{-\frac{\sqrt{3}}{3}x+\frac{\sqrt{3}}{3}a}^{\sqrt{a^2-x^2}}
\end{aligned}
$$

$$+\int_{\frac{a}{2}}^{\frac{\sqrt{3}}{2}a}\mathrm{d}x\left[\frac{1}{8}(3a^2+4ax-4x^2)\arctan\left(\frac{(2\sqrt{3}y-a)E}{2F}\right)\right]\Bigg|_{-\frac{\sqrt{3}}{3}x+\frac{\sqrt{3}}{3}a}^{\sqrt{a^2-x^2}}$$

$$+\int_{\frac{a}{2}}^{\frac{\sqrt{3}}{2}a}\mathrm{d}x\,\frac{1}{\sqrt{3}}(\sqrt{2}ay)\Bigg|_{-\frac{\sqrt{3}}{3}x+\frac{\sqrt{3}}{3}a}^{\sqrt{a^2-x^2}}$$

$$=\int_{\frac{a}{2}}^{\frac{\sqrt{3}}{2}a}\frac{1}{12}\left(2\sqrt{2}(a-2x)(\sqrt{a^2+2ax-2x^2}-2a)\right)\mathrm{d}x$$

$$+\int_{\frac{a}{2}}^{\frac{\sqrt{3}}{2}a}\frac{1}{12}\left(3(3a^2+4ax-4x^2)\arctan\left(\frac{a-2x}{2\sqrt{2}\sqrt{a^2+2ax-2x^2}}\right)\right)\mathrm{d}x$$

$$=\left[\frac{\frac{1}{3}(a^2+2ax-2x^2)^{3/2}-a(a^2+2ax-2x^2)}{3\sqrt{2}}\right]\Bigg|_{\frac{a}{2}}^{\frac{\sqrt{3}}{2}a}$$

$$-\left[\frac{4a^2\sqrt{a^2+2ax-2x^2}-16\sqrt{2}a^3\arctan\left(\frac{a}{\sqrt{2a^2+4ax-4x^2}}\right)}{24\sqrt{2}}\right]\Bigg|_{\frac{a}{2}}^{\frac{\sqrt{3}}{2}a}$$

$$+\left[\frac{\sqrt{2}(11a^3-18a^2x-12ax^2+8x^3)\arctan\left(\frac{a-2x}{2\sqrt{2}\sqrt{a^2+2ax-2x^2}}\right)}{24\sqrt{2}}\right]\Bigg|_{\frac{a}{2}}^{\frac{\sqrt{3}}{2}a}$$

$\approx -0.0112a^3$.（负号是因为第四个球面位于 xOy 坐标面的下方）

其中，$E=\sqrt{2a^2+3ax+\sqrt{3}ay-3x^2-3y^2}$，$F=-2a^2-3ax-\sqrt{3}ay+3x^2+3y^2$，即 $V_1''=|M_1|=0.0112a^3$.

$$M_2=\int_{\frac{\sqrt{3}}{2}a}^{a}\mathrm{d}x\int_{-\frac{\sqrt{3}}{3}(x-a)}^{\sqrt{a^2-x^2}}f(x)\mathrm{d}y$$

$$=\int_{\frac{\sqrt{3}}{2}a}^{a}\mathrm{d}x\left[\frac{1}{12\sqrt{3}}(\sqrt{3}a-6y)\sqrt{2a^2+a(3x+\sqrt{3}y)-3(x^2+y^2)}\right]\Bigg|_{-\frac{\sqrt{3}}{3}x+\frac{\sqrt{3}}{3}a}^{\sqrt{a^2-x^2}}$$

$$+\int_{\frac{\sqrt{3}}{2}a}^{a}\mathrm{d}x\left[\frac{1}{8}G\arctan\left(\frac{a-2\sqrt{3}y}{2\sqrt{2a^2+a(3x+\sqrt{3}y)-3(x^2+y^2)}}\right)+\frac{\sqrt{6}a}{3}y\right]\Bigg|_{-\frac{\sqrt{3}}{3}x+\frac{\sqrt{3}}{3}a}^{\sqrt{a^2-x^2}}$$

$$=\int_{\frac{\sqrt{3}}{2}a}^{a}\frac{1}{24}\left(-8\sqrt{2}a^2+8\sqrt{2}ax+8\sqrt{6}a\sqrt{a^2-x^2}+2\sqrt{2}(a-2x)\sqrt{a^2+2ax-2x^2}\right)\mathrm{d}x$$

$$+\int_{\frac{\sqrt{3}}{2}a}^{a}\frac{1}{24}\left(2a\sqrt{aH}-4\sqrt{3}\sqrt{a(a^2-x^2)H}\right)\mathrm{d}x$$

$$+\int_{\frac{\sqrt{3}}{2}a}^{a}\frac{1}{24}\left(3G\arctan\left(\frac{a-2\sqrt{3}\sqrt{a^2-x^2}}{2\sqrt{a(\sqrt{3}\sqrt{a^2-x^2}-a+3x)}}\right)\right)\mathrm{d}x$$

$$+\int_{\frac{\sqrt{3}}{2}a}^{a}\frac{1}{24}\left(3G\arctan\left(\frac{a-2x}{2\sqrt{2}\sqrt{a^2+2ax-2x^2}}\right)\right)\mathrm{d}x$$

$$\triangleq\int_{\frac{\sqrt{3}}{2}a}^{a}H_1(x)+H_2(x)+H_3(x)\mathrm{d}x.$$

其中，$G=3a^2+4ax-4x^2$，$H=\sqrt{3}\sqrt{a^2-x^2}-a+3x$.

再令$J_1=\int_{\frac{\sqrt{3}}{2}a}^{a}H_1(x)\mathrm{d}x$，$J_2=\int_{\frac{\sqrt{3}}{2}a}^{a}H_2(x)\mathrm{d}x$，$J_3=\int_{\frac{\sqrt{3}}{2}a}^{a}H_3(x)\mathrm{d}x$.

$$J_1=\int_{\frac{\sqrt{3}}{2}a}^{a}\frac{1}{24}\left(-8\sqrt{2}a^2+8\sqrt{2}ax+8\sqrt{6}a\sqrt{a^2-x^2}+2\sqrt{2}(a-2x)I\right)\mathrm{d}x$$

$$=\frac{1}{18\sqrt{2}}\left[I^{\frac{3}{2}}+6\sqrt{3}ax\sqrt{a^2-x^2}-12a^2x+6\sqrt{3}a^3\arctan\left(\frac{x}{\sqrt{a^2-x^2}}\right)+6ax^2\right]\Bigg|_{\frac{\sqrt{3}}{2}a}^{a}$$

$$=\frac{\left(-56+24\sqrt{3}+\sqrt{4\sqrt{3}-2}-2\sqrt{12\sqrt{3}-6}+4\sqrt{3}\pi\right)a^3}{72\sqrt{2}}$$

$$\approx 0.0183a^3.$$

其中，$I=\sqrt{a^2+2ax-2x^2}$.

因为

$$J_2=\int_{\frac{\sqrt{3}}{2}a}^{a}\frac{1}{24}\left(2a\sqrt{aH}-4\sqrt{3}\sqrt{a(a^2-x^2)H}\right)\mathrm{d}x$$

$$+\int_{\frac{\sqrt{3}}{2}a}^{a}\frac{1}{24}\left(3(3a^2+4ax-4x^2)\arctan\left(\frac{a-2\sqrt{3}\sqrt{a^2-x^2}}{2\sqrt{aH}}\right)\right)\mathrm{d}x,$$

（H 表达式同上，即 $H=\sqrt{3}\sqrt{a^2-x^2}-a+3x$.）

上面的积分很难用初等函数表示出来，所以我们用定积分的近似计算来求一个近似值，求得结果为$J_2=-0.0063a^3$.

$$J_3=\int_{\frac{\sqrt{3}}{2}a}^{a}\frac{1}{24}\left(3(3a^2+4ax-4x^2)\arctan\left(\frac{a-2x}{2\sqrt{2}\sqrt{a^2+2ax-2x^2}}\right)\right)\mathrm{d}x$$

$$=\frac{1}{48}\left(2a^2\left(8a\arctan\left(\frac{1}{\sqrt{-\frac{4x^2}{a^2}+\frac{4x}{a}+2}}\right)-\sqrt{2}\sqrt{a^2+2ax-2x^2}\right)\right)\Bigg|_{\frac{\sqrt{3}}{2}a}^{a}$$

$$+\frac{1}{48}\left((-11a^3+18a^2x+12ax^2-8x^3)\arctan\left(\frac{a-2x}{2\sqrt{2}\sqrt{a^2+2ax-2x^2}}\right)\right)\Bigg|_{\frac{\sqrt{3}}{2}a}^{a}$$

$\approx -0.0153a^3$.

所以，$V''_2=|M_2|=|J_1+J_2+J_3|\approx 0.0032a^3$，则有第四个球面在莱洛三角形上的积分 $V''=6\times(V''_1+V''_2)\approx 0.0864a^3$.

故四球相交公共部分的体积 $V'\approx 0.3359a^3+0.0864a^3\approx 0.4223a^3$.

第 4 章　与锥面相关模型

4.1　模型 17：椭圆抛物面交椭圆锥面模型

例 4.1　求由曲面 $z^2=\frac{x^2}{4}+\frac{y^2}{9}$ 和 $2z=\frac{x^2}{4}+\frac{y^2}{9}$ 所围的立体 V 的体积[1].

演示讲解——模型结合题目

本题需要根据二重积分的几何意义解题，重点在于利用模型的投影，对积分区域进行变量变换并确定积分范围.

两个曲面方程联立可得 $z^2=2z$，得到 $z_1=0$ 和 $z_2=2$ 两个平面. 如图 4.1 所

图 4.1

示，俯视模型，可以观察到相交部分立体 V 在 xOy 平面上的投影区域为 $D:\frac{x^2}{4}+\frac{y^2}{9}\leqslant 4$.

然后，观察两个曲面所围立体部分，可得顶面为 $z=\sqrt{\frac{x^2}{4}+\frac{y^2}{9}}$，底面为 $z=\frac{1}{2}\left(\frac{x^2}{4}+\frac{y^2}{9}\right)$，则体积 $V=\iint\limits_D\left[\sqrt{\frac{x^2}{4}+\frac{y^2}{9}}-\frac{1}{2}\left(\frac{x^2}{4}+\frac{y^2}{9}\right)\right]\mathrm{d}x\,\mathrm{d}y$.

再作柱面坐标变换，令 $\begin{cases}x=2r\cos\theta,\\ y=3r\sin\theta.\end{cases}$

通过模型观察 r 和 θ 的取值范围，可得 $\begin{cases}0\leqslant r\leqslant 2,\\ 0\leqslant\theta\leqslant 2\pi,\end{cases}$ 且 $|J|=6r$.

故所围立体体积为 $V=6\int_0^{2\pi}\mathrm{d}\theta\int_0^2\left(r-\frac{r^2}{2}\right)r\,\mathrm{d}r=8\pi$.

例 4.2 计算 $I=\iiint\limits_V x^2\sqrt{x^2+y^2}\,\mathrm{d}x\,\mathrm{d}y\,\mathrm{d}z$，$V$：由曲面 $z=\sqrt{x^2+y^2}$ 与 $z=x^2+y^2$ 所围成的有界区域[4].

演示讲解——模型结合题目

本题有两种解题方法，通过观察图 4.1 所示的模型来确定积分区域和积分上下限.

解法一(投影法)：

V 在 xOy 平面上的投影为 $D_{xy}=\left\{(x,y)\mid x^2+y^2\leqslant 1\right\}$.故

$$\begin{aligned}I&=\iint\limits_{D_{xy}}\mathrm{d}x\,\mathrm{d}y\int_{x^2+y^2}^{\sqrt{x^2+y^2}}x^2\sqrt{x^2+y^2}\,\mathrm{d}z\\&=\iint\limits_{D_{xy}}\left[\sqrt{x^2+y^2}-x^2-y^2\right]x^2\sqrt{x^2+y^2}\,\mathrm{d}x\,\mathrm{d}y.\end{aligned}$$

令 T：$\begin{cases}x=r\cos\theta,\\ y=r\sin\theta,\end{cases}$ 则 $J=r$，且 $D'_{xy}=\left\{(r,\theta)\mid r\in[0,1],\theta\in[0,2\pi]\right\}$，

则可得

$$I=\iint_{D'_{xy}}(r-r^2)r^2\ (\cos\theta)^2 r\,|J|\,\mathrm{d}r\,\mathrm{d}\theta$$
$$=\int_0^{2\pi}\mathrm{d}\theta\int_0^1(r-r^2)r^4\ \cos^2\theta\,\mathrm{d}r=\frac{\pi}{42}.$$

解法二(柱面坐标变换):

令 $T:\begin{cases}x=r\cos\theta,\\y=r\sin\theta,\\z=z,\end{cases}$ 则 $J=r$，且 $V'=\{(r,\theta,z)\mid\theta\in[0,2\pi],r\in[0,1],z\in[r^2,r]\}$，由积分变换公式得

$$I=\int_0^{\pi}\cos^2\theta\,\mathrm{d}\theta\int_0^1\mathrm{d}r\int_{r^2}^{r}r^3\,|J|\,\mathrm{d}z=\frac{\pi}{42}.$$

例 4.3　计算 $I=\iiint_V z\,\mathrm{d}x\,\mathrm{d}y\,\mathrm{d}z$，$V$:由曲面 $z^2=x^2+y^2$ 与 $4z=x^2+y^2$ 所围成的几何体.

演示讲解——模型结合题目

本题解题方法同例 4.2，联立两个方程得 $z^2=4z$，所以 V 被平面 $z=0$ 和 $z=4$ 所截. 如图 4.1 所示.

可得$D_{xy}=\{(x,y)\mid x^2+y^2\leqslant 4\}$，故

$$I=\iint_{D_{xy}}\mathrm{d}x\,\mathrm{d}y\int_{\frac{x2+y2}{4}}^{\sqrt{x2+y2}}z\,\mathrm{d}z$$
$$=\iint_{D_{xy}}\left[\frac{1}{2}(x^2+y^2)+\frac{1}{16}(x^2+y^2)^2\right]\mathrm{d}x\,\mathrm{d}y.$$

令 $T:\begin{cases}x=r\cos\theta,\\y=r\sin\theta,\end{cases}$ 则 $J=r$，且 $D_{r\theta}=\{(r,\theta)\mid r\in[0,2],\theta\in[0,2\pi]\}$.

因此，由积分变换公式得

$$I=\int_0^{2\pi}\mathrm{d}\theta\int_0^2\left(\frac{1}{2}r^2+16\,r^4\right)r\,\mathrm{d}r=\int_0^{2\pi}\frac{26}{15}\mathrm{d}\theta=\frac{52}{15}\pi.$$

例 4.4　求下列曲面所围成的体积:$az=x^2+y^2$，$z=\sqrt{x^2+y^2}$[6].

演示讲解——模型结合题目

本道题属于三重积分的计算，重点是进行坐标变换，并确定积分变量上下限.

首先，记所围成的立体为V，对立体V在xOy平面上的投影作极坐标变换$\begin{cases}x=r\cos\theta,\\ y=r\sin\theta,\end{cases}$则立体$V$为$0\leqslant\theta\leqslant 2\pi$，$0\leqslant r\leqslant a$，$\dfrac{r^2}{a}\leqslant z\leqslant r$所围的区域，且有$|J|=r$.

如图4.1所示，确定x和y的取值范围为xOy平面上以原点为圆心，半径为a的圆盘，z的取值范围则在旋转抛物面与上方圆锥之间.

于是，所求体积为

$$V=\iint\limits_{x^2+y^2\leqslant a^2}\mathrm{d}x\,\mathrm{d}y\int_{\frac{x^2+y^2}{a}}^{\sqrt{x^2+y^2}}\mathrm{d}z=\int_0^{2\pi}\mathrm{d}\theta\int_0^a r\,\mathrm{d}r\int_{\frac{r^2}{a}}^{r}\mathrm{d}z$$

$$=2\pi\int_0^a\left(r^2-\frac{r^3}{a}\right)\mathrm{d}r=\frac{\pi a^3}{6}.$$

4.2 模型18：圆锥交抛物面模型

例4.5 计算累次积分：$\int_0^1\mathrm{d}x\int_0^{\sqrt{1-x^2}}\mathrm{d}y\int_{\sqrt{x^2+y^2}}^{\sqrt{2-x^2-y^2}}\mathrm{d}z$[1].

演示讲解——模型结合题目

本题考查三重积分的计算，重点在于对积分区域进行坐标变换，并确定积分变量的上下限.

应用柱坐标变换$\begin{cases}x=r\cos\theta,\ 0\leqslant x\leqslant 1,\\ y=r\sin\theta,\ 0\leqslant y\leqslant\sqrt{1-x^2},\\ z=z,\ \sqrt{x^2+y^2}\leqslant z\leqslant\sqrt{2-x^2-y^2},\end{cases}$并观察图4.2所示的模型.

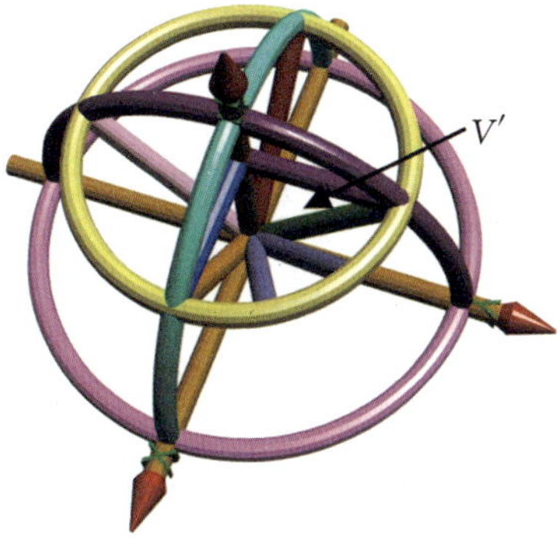

图 4.2

确定 x 的取值范围为 $[0,1]$，y 的取值范围为圆周的第一象限部分，z 的取值范围则在中间圆锥曲面与上方球面之间.

所以，积分区域为 $V'=\left\{(r,\theta,z)\mid 0\leqslant r\leqslant 1,0\leqslant\theta\leqslant\frac{\pi}{2},r\leqslant z\leqslant\sqrt{z-r^2}\right\}$，则有

$$\int_0^1 dx\int_0^{\sqrt{1-x^2}}dy\int_{\sqrt{x^2+y^2}}^{\sqrt{2-x^2-y^2}}dz=\int_0^{\frac{\pi}{2}}d\theta\int_0^1 r\,dr\int_r^{\sqrt{2-r^2}}z^2dz$$
$$=\frac{\pi}{2}\cdot\frac{1}{3}\int_0^1[(2-r^2)^{\frac{3}{2}}-r^3]r\,dr$$
$$=\frac{\pi}{15}(2\sqrt{2}-1).$$

例 4.6　变换为球坐标或圆柱坐标，以计算下列曲面所界的体积：$x^2+y^2+z^2=a^2$，$x^2+y^2\leqslant z^2$[6].

演示讲解——模型结合题目

本题考查三重积分的应用，重点在于确定积分区域，用三重积分换元法进行柱坐标变换，然后确定参数取值范围，并化成累次积分进行计算.

首先，将直角坐标系变换为柱面坐标系 $\begin{cases}x=r\cos\theta,r\in[0,a],\\ y=r\sin\theta,\theta\in[0,2\pi],\end{cases}$ 则有 $r^2+z^2=a^2$，$r^2\leqslant z^2$. 如图 4.3 所示，积分区域变换为 $0\leqslant\theta\leqslant 2\pi$，$0\leqslant r\leqslant$

a，$r \leqslant z \leqslant \sqrt{a^2 - r^2}$.

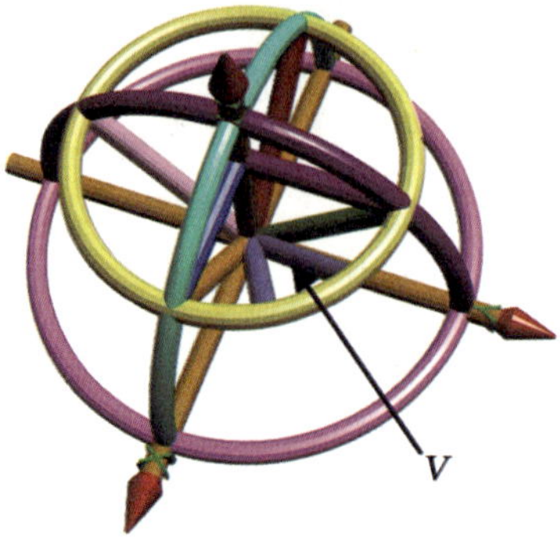

图 4.3

于是，所求体积为

$$V = \int_0^{2\pi} d\varphi \int_0^a r\,dr \int_r^{\sqrt{a^2-r^2}} dz = 2\pi \int_0^a r(a-r)\,dr$$
$$= 2\pi\left(\frac{ar^2}{2} - \frac{r^3}{3}\right)\Big|_0^a = \frac{\pi a^3}{3}.$$

例 4.7 利用球面坐标计算下列三重积分：$\iiint\limits_{\Omega} z\,dv$，其中闭区域$\Omega$由不等式 $x^2+y^2+z^2 \leqslant a^2$，$x^2+y^2 \leqslant z^2$ 所确定[5].

演示讲解——模型结合题目

本题考查三重积分的应用，重点在于分析清楚积分区域，再用三重积分换元法进行球坐标变换，然后确定参数取值范围并化成累次积分进行计算.

作球坐标变换，则 $x^2+y^2+z^2 \leqslant a^2$ 化为 $\begin{cases} x = r\sin\varphi\cos\theta, & \theta \in [0, 2\pi], \\ y = r\sin\varphi\sin\theta, & \varphi \in [0, \pi], \\ z = r\cos\varphi, & r \in [0, a]. \end{cases}$

而 $x^2+y^2 \leqslant z^2$ 化为 $r^2\sin^2\varphi \leqslant r^2\cos^2\varphi$，即 $\tan\varphi \leqslant 1$，亦即 $\varphi \leqslant \frac{\pi}{4}$. 因此 Ω 可表示为 $0 \leqslant r \leqslant a$，$0 \leqslant \varphi \leqslant \frac{\pi}{4}$，$0 \leqslant \theta \leqslant 2\pi$. 如图 4.4 所示.

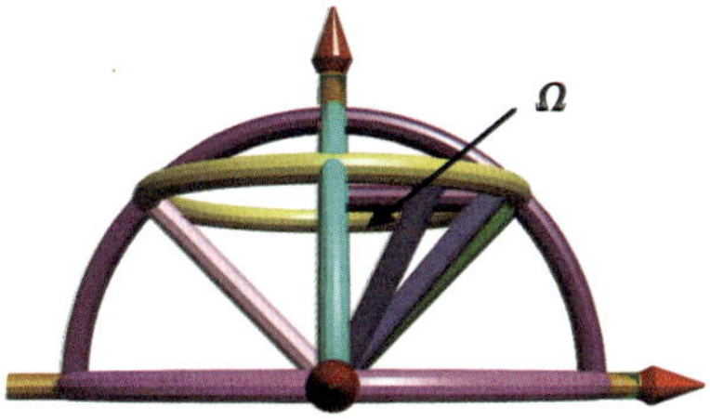

图 4.4

于是

$$\begin{aligned}\iiint\limits_{\Omega} z\,\mathrm{d}v &= \iiint\limits_{\Omega} r\cos\varphi r^2\sin\varphi\,\mathrm{d}r\,\mathrm{d}\varphi\,\mathrm{d}\theta \\ &= \int_0^{2\pi}\mathrm{d}\theta\int_0^{\frac{\pi}{4}}\cos\varphi\sin\varphi\,\mathrm{d}\varphi\int_0^a r^3\,\mathrm{d}r \\ &= \int_0^{2\pi}\mathrm{d}\theta\int_0^{\frac{\pi}{4}}\cos\varphi\sin\varphi\cdot\frac{a^4}{4}\mathrm{d}\varphi \\ &= \frac{\pi a^4}{2}\int_0^{\frac{\pi}{4}}(-\cos\varphi)\,\mathrm{d}(\cos\varphi) \\ &= \frac{\pi a^4}{2}\left(-\frac{\cos^2\varphi}{2}\right)\Bigg|_0^{\frac{\pi}{4}} \\ &= \frac{\pi a^4}{8}.\end{aligned}$$

例 4.8　由半径为 a 的球面与顶点在球心顶角为 2α 的圆锥面所围成的区域的体积[4].

演示讲解——模型结合题目

本题考查三重积分的应用，重点在于确定积分区域，可以用三重积分换元法进行柱坐标变换或球坐标变换再进行计算.

解法一(投影法)：

如图 4.5 所示，所围成的几何体在 xOy 平面上的投影为

$$D_{xy}: x^2+y^2=\frac{a^2}{1+\cot^2\alpha}=a^2\sin^2\alpha,$$

则有

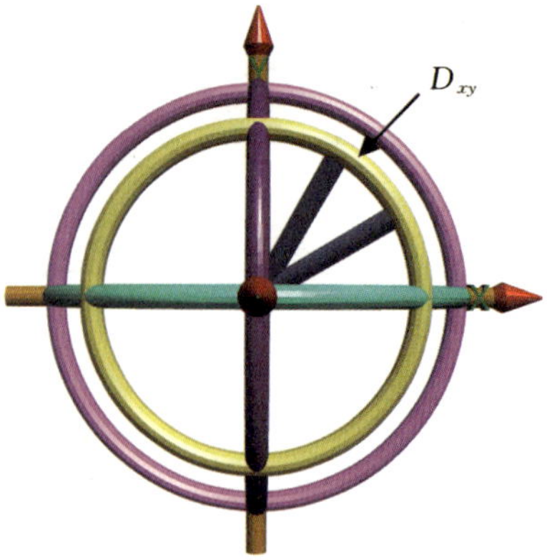

图 4.5

$$V=\iiint_V \mathrm{d}x\,\mathrm{d}y\,\mathrm{d}z=\iint_{D_{xy}}\mathrm{d}x\,\mathrm{d}y\int_{\sqrt{x^2+y^2}}^{\sqrt{a^2-x^2-y^2}}\mathrm{d}z$$
$$=\iint_{D_{xy}}\left(\sqrt{a^2-x^2-y^2}-\sqrt{x^2+y^2}\cot\alpha\right)\mathrm{d}x\,\mathrm{d}y.$$

令$\begin{cases}x=r\cos\theta,\\ y=r\sin\theta,\end{cases}$ 则 $J=\dfrac{\partial(x,y)}{\partial(r,\theta)}$，且 $D'=\{(r,\theta)\mid 0\leqslant r\leqslant a\sin\alpha,\ 0\leqslant\theta\leqslant 2\pi\}$，

进而

$$V=\iiint_V \mathrm{d}x\,\mathrm{d}y\,\mathrm{d}z=\iint_{D_{xy}}\mathrm{d}x\,\mathrm{d}y\int_{\sqrt{x^2+y^2}}^{\sqrt{a^2-x^2-y^2}}\mathrm{d}z$$
$$=\iint_{D_{xy}}\left(\sqrt{a^2-x^2-y^2}-\sqrt{x^2+y^2}\cot\alpha\right)\mathrm{d}x\,\mathrm{d}y$$
$$=\int_0^{2\pi}\mathrm{d}\theta\int_0^{a\sin\alpha}\left(\sqrt{a^2-r^2}-r\cot\alpha\right)r\,\mathrm{d}r$$
$$=\frac{2}{3}\pi a^3(1-\cos\alpha).$$

解法二(变量变换法)：以球心为坐标原点建立坐标系，且使得锥面关于 yOz 平面对称，则球面和锥面的方程分别为 $x^2+y^2+z^2=a^2$，$z=\sqrt{x^2+y^2}\cot\alpha$.记所围区域为 V. 如图 4.3 所示.

令 $\begin{cases} x = r\sin\varphi\cos\theta, \\ y = r\sin\varphi\sin\theta, \\ z = r\cos\varphi. \end{cases}$ 则 $J = \dfrac{\partial(x, y, z)}{\partial(r, \varphi, \theta)} = r^2\sin\varphi$ ，且

$$\Omega = \{(r, \varphi, \theta) \mid 0 \leqslant \varphi \leqslant \alpha, 0 \leqslant \theta \leqslant 2\pi, 0 \leqslant r \leqslant a\}.$$

由三重积分的变量变换公式得

$$V = \iiint_V \mathrm{d}x\,\mathrm{d}y\,\mathrm{d}z = \iiint_\Omega r^2\sin\varphi\,\mathrm{d}\theta\,\mathrm{d}\varphi\,\mathrm{d}r = \int_0^{2\pi}\mathrm{d}\theta\int_0^{\alpha}\mathrm{d}\varphi\int_0^1 r^2\sin\varphi\,\mathrm{d}r = \frac{2}{3}\pi a^3(1-\cos\alpha).$$

第5章　与抛物面相关模型

5.1　模型19：旋转抛物面、抛物柱面组合模型

例5.1　化三重积分 $I=\iiint\limits_{\Omega} f(x, y, z)\,\mathrm{d}x\,\mathrm{d}y\,\mathrm{d}z$ 为三次积分，其中积分区域 Ω 是由曲面 $z=x^2+2y^2$ 及 $z=2-x^2$ 所围成的闭区域[5].

演示讲解——模型结合题目

如图5.1所示，可以看到该模型由两个曲面组合而成，从上到下分别为抛物柱面和旋转抛物面，它们围成的区域为模型中间部分，顶面边缘闭曲线为两个曲面的交线，模型底面的圆形线条为交线在 xOy 平面上的投影.

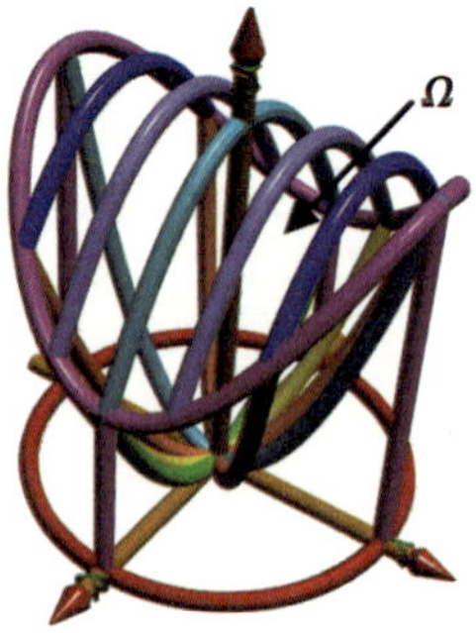

图5.1

先计算两个曲面交线在 xOy 平面上的投影. 由 $\begin{cases} z = x^2 + 2y^2, \\ z = 2 - x^2, \end{cases}$ 消去 z，得 $x^2 + y^2 = 1$. 故其在 xOy 平面上的投影区域为 $x^2 + y^2 \leqslant 1$.

由此可以确定 x，y 的取值范围为 $-1 \leqslant x \leqslant 1$，$-\sqrt{1-x^2} \leqslant y \leqslant \sqrt{1-x^2}$.

再观察模型，发现抛物柱面总是在旋转抛物面的上方，故 z 的取值范围为 $x^2 + 2y^2 \leqslant z \leqslant 2 - x^2$.

因此，

$$
\begin{aligned}
I &= \iiint\limits_{\Omega} f(x, y, z)\,\mathrm{d}x\,\mathrm{d}y\,\mathrm{d}z \\
&= \int_{-1}^{1} \mathrm{d}x \int_{-\sqrt{1-x^2}}^{\sqrt{1-x^2}} \mathrm{d}y \int_{x^2+2y^2}^{2-x^2} f(x, y, z)\,\mathrm{d}z.
\end{aligned}
$$

例 5.2　计算第一型曲线积分 $I = \oint_L \sqrt{1 - 4x^2y^2}\,\mathrm{d}s$，其中 L 是曲面 $z_1 = x^2 + 2y^2$ 与 $z_2 = 2 - x^2$ 的交线.

演示讲解——模型结合题目

本题考查第一型曲线积分的计算，重点在于求出交线 L 的参数方程并确定参数的取值范围. 如图 5.2 所示，可以看到交线 L 的整体形态是一条封闭曲线.

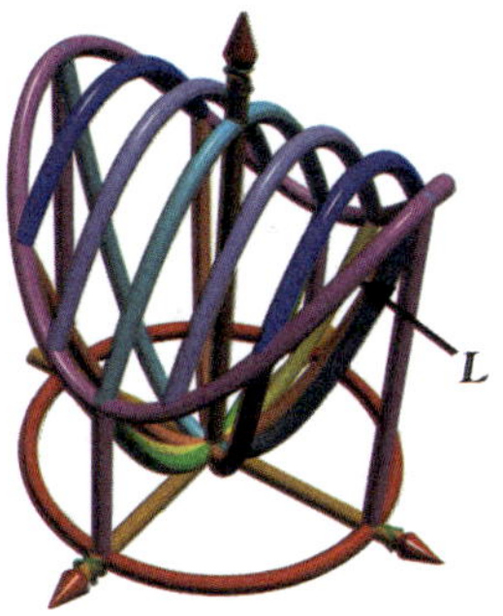

图 5.2

俯视模型，可以看到交线在 xOy 平面上的投影为一个圆，于是便可考虑用圆的参数方程将其表示出来.

交线 L 的曲线方程为

$$\begin{cases} z = x^2 + 2y^2, \\ z = 2 - x^2. \end{cases}$$

其参数方程是 $x = \cos t$，$y = \sin t$，$z = 2 - \cos^2 t$，$(0 \leqslant t \leqslant 2\pi)$. 则有

$$\begin{aligned} ds &= \sqrt{\sin^2 t + \cos^2 t + 4\sin^2 t\cos^2 t}\, dt \\ &= \sqrt{1 + \sin^2 2t}\, dt \\ &= \sqrt{2 - \cos^2 2t}\, dt. \end{aligned}$$

故有

$$\begin{aligned} I &= \oint_L \sqrt{1 - 4x^2y^2}\, ds \\ &= \int_0^{2\pi} \sqrt{1 + 4\cos^2 t\sin^2 2t}\, dt \\ &= \int_0^{2\pi} \sqrt{1 + \sin^2 2t}\sqrt{1 + \sin^2 2t}\, dt \\ &= \int_0^{2\pi} (1 + \sin^2 2t)\, dt \\ &= 3\pi. \end{aligned}$$

例 5.3 计算第二型曲线积分 $I = \int_L (-x)dx + ydy + dz$，其中 L 是曲面 $z_1 = x^2 + 2y^2$ 与 $z_2 = 2 - x^2$ 的交线在第一卦限中的部分.

演示讲解——模型结合题目

本题考查第二型曲线积分的计算，重点在于求出交线 L 的参数方程并确定参数的取值范围. 如图 5.2 所示，交线 L 的方程为

$$L: \begin{cases} z = x^2 + 2y^2, \\ z = 2 - x^2. \end{cases}$$

在第一卦限中，其参数方程是 $x = \cos t$，$y = \sin t$，$z = 2 - \cos^2 t$，$(0 \leqslant t \leqslant \frac{\pi}{2})$，于是有

$$
\begin{aligned}
I &= \int_L (-x)\,\mathrm{d}x + y\,\mathrm{d}y + \mathrm{d}z \\
&= \int_0^{\frac{\pi}{2}} [(-\cos t)(-\sin t) + \sin t\cos t + 2\cos t\sin t]\,\mathrm{d}t \\
&= \int_0^{\frac{\pi}{2}} 4\sin t\cos t\,\mathrm{d}t \\
&= 2\int_0^{\frac{\pi}{2}} \sin 2t\,\mathrm{d}t \\
&= 2.
\end{aligned}
$$

例 5.4　求曲面 $z_1 = x^2 + 2y^2$ 与 $z_2 = 2 - x^2$ 所围的立体 V 的体积.

演示讲解——模型结合题目

本题可利用二重积分的几何意义求解，重点在于根据积分区域特征选用极坐标变换，并确定积分变量的上下限.

第一步：求 V 在 xOy 平面上的投影.

联立曲线方程，消去 z，有 $x^2 + y^2 = 1$，即积分区域 V 在 xy 面上的投影区域为 $D = \{(x, y) \mid x^2 + y^2 \leqslant 1\}$.

第二步：根据二重积分的几何意义写出所求体积的表达式.

如图 5.3 所示，可知抛物柱面 $z_2 = 2 - x^2$ 始终在椭圆抛物面 $z_1 = x^2 + 2y^2$ 的上方，则积分区域体积 $V = \iint\limits_D [2 - x^2 - (x^2 + 2y^2)]\,\mathrm{d}x\,\mathrm{d}y$.

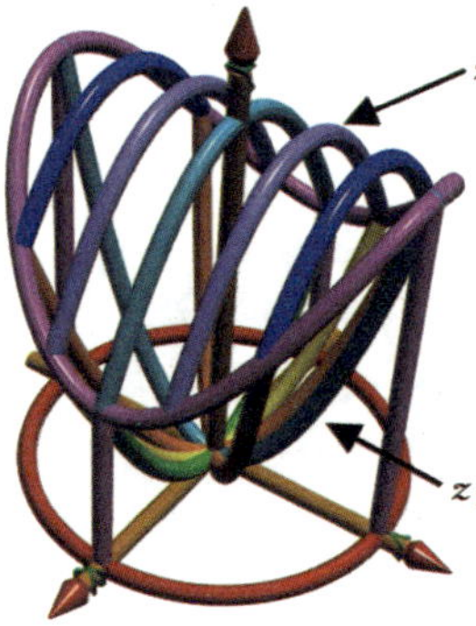

图 5.3

第三步：作极坐标变换，求出 V.

作极坐标变换 $\begin{cases} x = r\cos\theta, \\ y = r\sin\theta, \end{cases}$ 且有 $0 \leqslant r \leqslant 1$，$0 \leqslant \theta \leqslant 2\pi$. 因此，

$$V = \iint_D [2 - x^2 - (x^2 + 2y^2)]\,dx\,dy$$

$$= \int_0^{2\pi} \theta \int_0^1 (2 - 2r^2)\,d\theta\,dr$$

$$= \int_0^{2\pi} \frac{7}{8} d\theta$$

$$= \frac{7}{4}\pi.$$

例 5.5 改变累次积分的顺序：$\int_0^1 dx \int_0^{\sqrt{1-x^2}} dy \int_0^{x^2+2y^2} f(x, y, z)dz$.

演示讲解——模型结合题目

本题考查将三重积分化为累次积分并交换顺序，重点在于分析积分区域 V 在三个坐标平面上的投影，然后讨论积分变量的取值范围.

本题的难点在于准确分析模型在 yOz 平面和 xOz 平面的投影区域，并对积分区域 V 进行合理"分割".

本题积分区域 $V = \{(x, y, z) \mid 0 \leqslant x \leqslant 1, 0 \leqslant y \leqslant \sqrt{1-x^2}, 0 \leqslant z \leqslant x^2 + 2y^2\}$.

第一步：如图 5.4 所示，易知积分区域 V 在 xOy 平面上的投影区域为 $D_{xy} = \left\{(x, y) \mid 0 \leqslant x \leqslant 1, 0 \leqslant y \leqslant \sqrt{1-x^2}\right\}$.

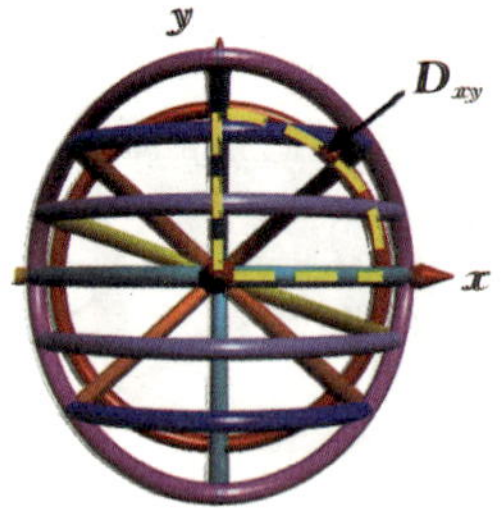

图 5.4

从而

$$I=\int_0^1 dx\int_0^{\sqrt{1-x^2}} dy\int_0^{x^2+2y^2} f(x,y,z)\,dz$$

$$=\int_0^1 dy\int_0^{\sqrt{1-y^2}} dx\int_0^{x^2+2y^2} f(x,y,z)\,dz.$$

第二步：如图 5.5 所示，从 x 轴的正向观察该模型，可知积分区域 V 在 yOz 平面上的投影区域为$D_{yz}=\{(y,z)\mid 0\leqslant y\leqslant 1,0\leqslant z\leqslant y^2+1\}$，此时的投影区域被曲线 $z=2y^2$ 分成了两个部分.

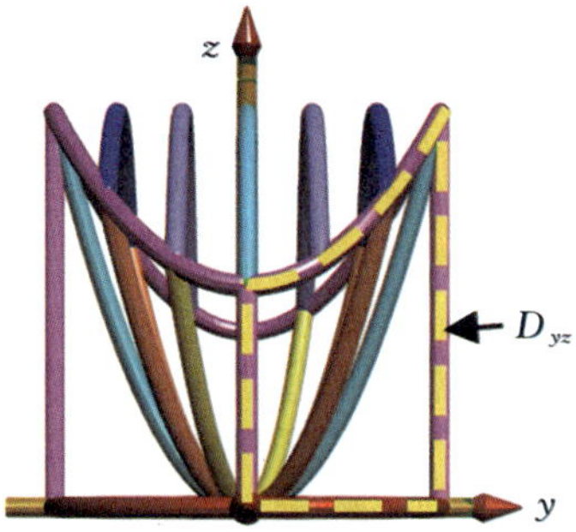

图 5.5

(1) 按照 dy，dz，dx 的顺序.

曲线 $z=2y^2$ 以下的部分，积分变量的上下限为

$$0\leqslant y\leqslant 1,0\leqslant z\leqslant 2y^2,0\leqslant x\leqslant\sqrt{1-y^2}.$$

曲线 $z=2y^2$ 以上的部分，积分变量的上下限为

$$0\leqslant y\leqslant 1,2y^2\leqslant z\leqslant 1+y^2,\sqrt{z-2y^2}\leqslant x\leqslant\sqrt{1-y^2}.$$

(2) 按照 dz，dy，dx 的顺序.

在曲线 $z=2y^2$ 左侧，积分区域可划分为两部分，积分变量的上下限分别为

$$0\leqslant z\leqslant 1,\frac{z}{2}\leqslant y\leqslant 1,\sqrt{z-2y^2}\leqslant x\leqslant\sqrt{1-y^2};$$

$$1\leqslant z\leqslant 2,\sqrt{z-1}\leqslant y\leqslant\sqrt{\frac{z}{2}},0\leqslant x\leqslant\sqrt{1-y^2}.$$

在曲线 $z=2y^2$ 右侧，积分变量的上下限为

$$0\leqslant z\leqslant 2,\ \sqrt{\frac{z}{2}}\leqslant y\leqslant 1,\ 0\leqslant x\leqslant \sqrt{1-y^2}.$$

从而

$$I=\int_0^1 \mathrm{d}y\int_0^{2y^2}\mathrm{d}z\int_0^{\sqrt{1-y^2}} f(x,y,z)\,\mathrm{d}x+\int_0^1 \mathrm{d}y\int_{2y^2}^{1+y^2}\mathrm{d}z\int_{\sqrt{z-2y^2}}^{\sqrt{1-y^2}} f(x,y,z)\,\mathrm{d}x$$

$$=\left(\int_0^1\int_0^{\sqrt{\frac{z}{2}}}\int_{\sqrt{z-2y^2}}^{\sqrt{1-y^2}}+\int_1^2\int_{\sqrt{z-1}}^{\sqrt{\frac{z}{2}}}\int_{\sqrt{z-2y^2}}^{\sqrt{1-y^2}}+\int_0^2\int_{\frac{z}{2}}^1\int_0^{\sqrt{1-y^2}}\right) f(x,y,z)\,\mathrm{d}z\mathrm{d}y\mathrm{d}x.$$

第三步：如图 5.6 所示，从 y 轴的正向观察该模型，可知积分区域 V 在 xOz 平面上的投影区域为$D_{xz}=\{(x,z)\mid 0\leqslant x\leqslant 1,\ x^2\leqslant z\leqslant 2-x^2\}$. 此时的投影区域 v 被曲线 $z=x^2$ 分成两个部分，同理分析 V 在 $\mathrm{d}x$，$\mathrm{d}z$，$\mathrm{d}y$ 和 $\mathrm{d}z$，$\mathrm{d}x$，$\mathrm{d}y$ 顺序下积分变量的上下限.

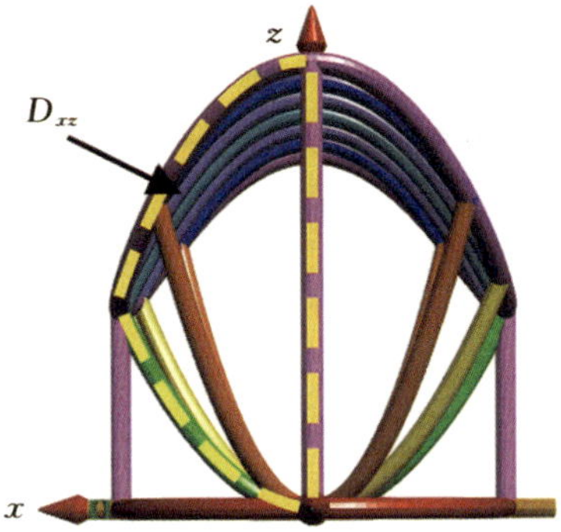

图 5.6

可得

$$I=\int_0^1 \mathrm{d}x\int_0^{x^2}\mathrm{d}z\int_0^{\sqrt{1-x^2}} f(x,y,z)\,\mathrm{d}y+\int_0^1 \mathrm{d}x\int_{x^2}^{2-x^2}\mathrm{d}z\int_{\sqrt{\frac{z-x^2}{2}}}^{\sqrt{1-x^2}} f(x,y,z)\,\mathrm{d}y$$

$$=\left(\int_0^1\int_0^{\sqrt{z}}\int_{\sqrt{\frac{z-x^2}{2}}}^{\sqrt{1-x^2}}+\int_0^1\int_{\sqrt{z}}^1\int_0^{\sqrt{1-x^2}}+\int_1^2\int_0^{\sqrt{2-z}}\int_{\sqrt{\frac{z-x^2}{2}}}^{\sqrt{1-x^2}}\right) f(x,y,z)\,\mathrm{d}z\mathrm{d}x\mathrm{d}y.$$

例 5.6 计算三重积分 $I=\iiint\limits_V (x^2+y^2)\,\mathrm{d}x\mathrm{d}y\mathrm{d}z$，其中积分区域 V 是曲面 $z_1=x^2+2y^2$ 与 $z_2=2-x^2$ 所围区域.

演示讲解——模型结合题目

本题考查三重积分的计算，重点在于确定积分区域 V，然后对积分区域进行坐标变换并确定积分上下限.

在柱面坐标变换下，

$$\begin{cases} x = r\cos\theta, \\ y = r\sin\theta, \\ z = z. \end{cases}$$

如图 5.3 所示，可确定参量变化范围，即 $(r, \theta, z) \in [0, 1] \times [0, 2\pi] \times [0, 2]$.

因此，

$$\begin{aligned} I &= \iiint_V (x^2 + y^2)\,\mathrm{d}x\,\mathrm{d}y\,\mathrm{d}z \\ &= \int_0^{2\pi} \mathrm{d}\theta \int_0^1 r\,\mathrm{d}r \int_{x+2y^2}^{2-x^2} (x^2 + y^2)\,\mathrm{d}z \\ &= \int_0^{2\pi} \mathrm{d}\theta \int_0^1 r^2(2 - 2r^2)\,\mathrm{d}r \\ &= \int_0^{2\pi} \frac{17}{30}\,\mathrm{d}\theta \\ &= \frac{17}{15}\pi. \end{aligned}$$

例 5.7　求抛物柱面 $z = 2 - x^2$ 被椭圆抛物面 $z = x^2 + 2y^2$ 所截部分的曲面面积.

演示讲解——模型结合题目

本题考查曲面面积的计算，重点在于分析曲面在坐标面上的投影区域.

如图 5.7 所示，曲面在 xOy 面上的投影区域为 $D = \{(x, y) \mid x^2 + y^2 \leqslant 1\}$，且 $\dfrac{\partial z}{\partial x} = -2x$，$\dfrac{\partial z}{\partial y} = 0$. 设曲面面积为 S，则

$$\begin{aligned} S &= \iint_D \sqrt{1 + \left(\frac{\partial z}{\partial x}\right)^2 + \left(\frac{\partial z}{\partial y}\right)^2}\,\mathrm{d}x\,\mathrm{d}y \\ &= \iint_D \sqrt{1 + 4x^2}\,\mathrm{d}x\,\mathrm{d}y. \end{aligned}$$

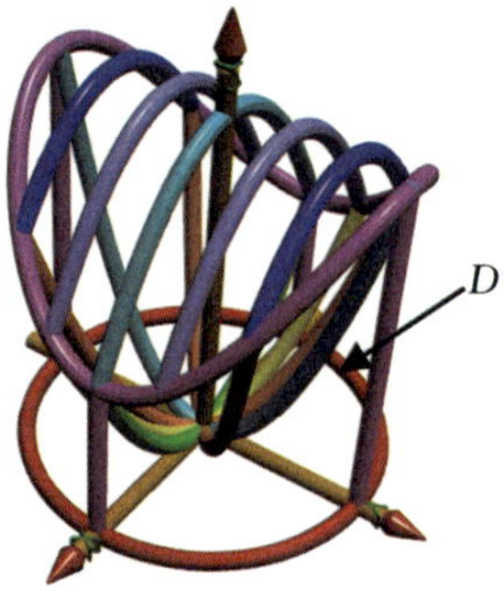

图 5.7

作柱面坐标变换

$$\begin{cases} x = \cos\theta, \\ y = \sin\theta. \end{cases}$$

则有

$$\begin{aligned} S &= \iint_D \sqrt{1+4x^2}\,\mathrm{d}x\,\mathrm{d}y \\ &= \int_0^{2\pi}\mathrm{d}\theta \int_0^1 \sqrt{1+4\cos^2\theta}\,\mathrm{d}r \\ &= \int_0^{2\pi} \sqrt{1+4\cos^2\theta}\,\mathrm{d}\theta. \end{aligned}$$

这是一个完全椭圆积分，利用 Mathematica 计算得到结果为 $4\sqrt{5}\,\text{EllipticE}\left[\frac{4}{5}\right]$，近似值为 10.54.

例 5.8 计算 $\iint_S \sqrt{3+3x^2-z}\,\mathrm{d}S$，其中 S 抛物柱面 $z=2-x^2$ 被椭圆抛物面 $z=x^2+2y^2$ 所截部分.

演示讲解——模型结合题目

本题考查第一型曲面积分的计算，重点在于分析积分区域，并运用极坐标变换进行计算.

如图 5.7 所示，曲面 S 的方程为 $z=2-x^2$，其在 xOy 面上的投影为D_{xy}：

$x^2+y^2\leqslant 1$，则有

$$\mathrm{d}S=\sqrt{1+(-2x)^2+0}\,\mathrm{d}x\,\mathrm{d}y=\sqrt{1+4x^2}\,\mathrm{d}x\,\mathrm{d}y.$$

于是

$$\begin{aligned}\iint_S \sqrt{3+3x^2-z}\,\mathrm{d}S&=\iint_{D_{xy}}\sqrt{1+4x^2}\sqrt{1+4x^2}\,\mathrm{d}x\,\mathrm{d}y\\&=\iint_{D_{xy}}(1+4x^2)\,\mathrm{d}x\,\mathrm{d}y.\end{aligned}$$

作极坐标变换

$$\begin{cases}x=\cos\theta,\\y=\sin\theta.\end{cases}$$

则有

$$\begin{aligned}\iint_{D_{xy}}(1+4x^2)\,\mathrm{d}x\,\mathrm{d}y&=\int_0^{2\pi}\mathrm{d}\theta\int_0^1(1+\cos^2\theta)\,\mathrm{d}r\\&=\int_0^{2\pi}\left(\frac{1}{2}+\frac{4}{3}\cos^2\theta\right)\mathrm{d}\theta\\&=\frac{7}{3}\pi.\end{aligned}$$

5.2　模型 20：旋转抛物面立体模型

例 5.9　改变累次积分的顺序：$\int_0^1\mathrm{d}x\int_0^1\mathrm{d}y\int_0^{x^2+y^2}f(x,y,z)\,\mathrm{d}z$[1].

演示讲解——模型结合题目

本题属于三重积分中的累次积分交换顺序的问题，重点在于确定积分区域 V，找出积分区域分别在三个坐标平面的投影，从而由投影确定积分变量的取值范围.

第一步：分析积分区域在 xOy 平面上的投影

观察该模型的俯视图，如图 5.8 所示，可以看出积分区域在 xOy 平面的投影是正方形，x 和 y 的取值范围为 $0\leqslant x\leqslant 1$，$0\leqslant y\leqslant 1$. 在 z 轴方向，上面

是旋转抛物面 $z=x^2+y^2$，下面是平面 $z=0$，故有 $0\leqslant z\leqslant x^2+y^2$. 从而有

$$\int_0^1 \mathrm{d}x\int_0^1 \mathrm{d}y\int_0^{x^2+y^2} f(x,y,z)\,\mathrm{d}z=\int_0^1 \mathrm{d}y\int_0^1 \mathrm{d}x\int_0^{x^2+y^2} f(x,y,z)\,\mathrm{d}z.$$

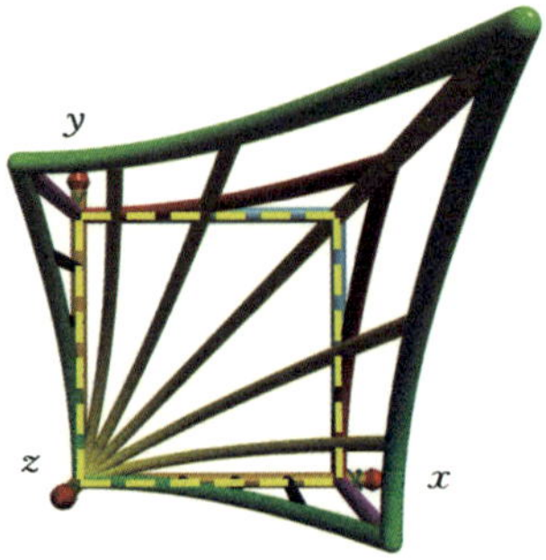

图 5.8

第二步：分析积分区域在 yOz 平面上的投影.

摆放该模型，将 x 轴正方向正对读者，可以观察该立体图形在 yOz 平面上的投影，如图 5.9 所示.

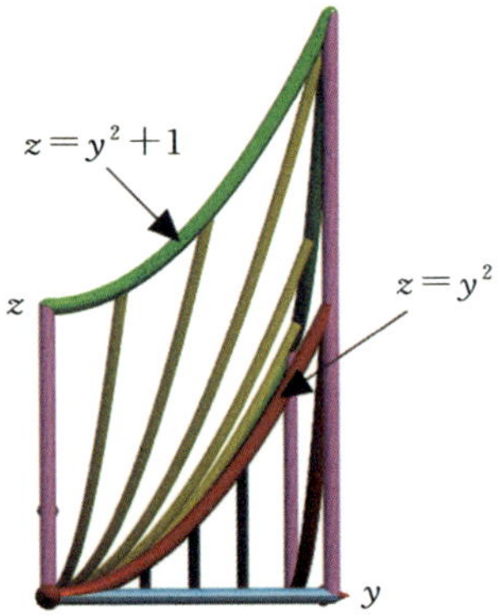

图 5.9

此时的投影区域分成了两个部分.

按 $\mathrm{d}y$，$\mathrm{d}z$，$\mathrm{d}x$ 顺序：

曲线 $z=y^2$ 以下的部分，积分变量的上下限为

$$0\leqslant y\leqslant 1,\ 0\leqslant z\leqslant y^2,\ 0\leqslant x\leqslant 1.$$

曲线 $z=y^2$ 以上的部分，积分变量的上下限为

$$0\leqslant y\leqslant 1,\ y^2\leqslant z\leqslant x^2+y^2,\ \sqrt{z-y^2}\leqslant x\leqslant 1.$$

按 dz，dy，dx 顺序：

同样可分为两个部分，分别考虑 $0\leqslant z\leqslant 1$ 和 $1\leqslant z\leqslant 2$ 两个区间，积分区域可以分解为

$$0\leqslant z\leqslant 1,\ \sqrt{z}\leqslant y\leqslant 0,\ 0\leqslant x\leqslant 1.$$

$$0\leqslant z\leqslant 1,\ 0\leqslant y\leqslant \sqrt{z},\ \sqrt{z-y^2}\leqslant x\leqslant 1;$$

和

$$1\leqslant z\leqslant 2,\ \sqrt{z-1}\leqslant y\leqslant 1,\ \sqrt{z-y^2}\leqslant x\leqslant 1.$$

从而可得到该积分在 yOz 平面上的累次积分为

$$\int_0^1 \mathrm{d}x\int_0^1 \mathrm{d}y\int_0^{x^2+y^2} f(x,y,z)$$

$$=\int_0^1 \mathrm{d}y\int_0^{y^2} \mathrm{d}z\int_0^1 f(x,y,z)\,\mathrm{d}x+\int_0^1 \mathrm{d}y\int_{y^2}^{x^2+y^2} \mathrm{d}z\int_{\sqrt{z-y^2}}^1 f(x,y,z)\,\mathrm{d}x$$

$$=\int_0^1 \mathrm{d}z\int_0^{\sqrt{z}} \mathrm{d}y\int_0^1 f(x,y,z)\,\mathrm{d}x+\int_0^1 \mathrm{d}z\int_0^{\sqrt{z}} \mathrm{d}y\int_{\sqrt{z-y^2}}^1 f(x,y,z)\,\mathrm{d}x$$

$$+\int_1^2 \mathrm{d}z\int_{\sqrt{z-1}}^1 \mathrm{d}y\int_{\sqrt{z-y^2}}^1 f(x,y,z)\,\mathrm{d}x.$$

第三步：分析积分区域在 xOz 平面上的投影.

摆放该模型，将 y 轴正方向正对读者，读者可以观察该立体图形在 xOz 平面上的投影，如图 5.10 所示.

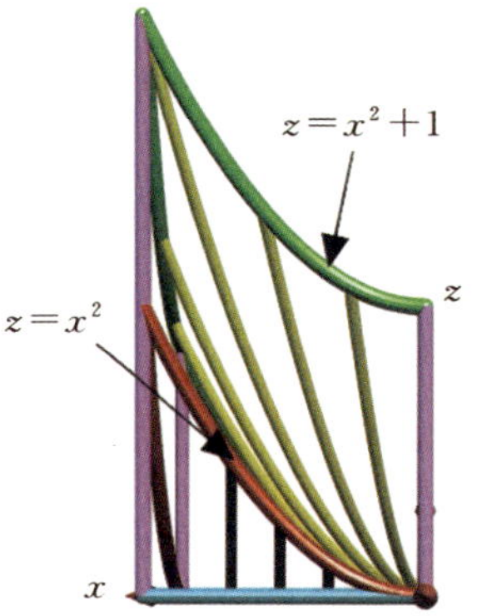

图 5.10

和第二步一样，此时投影区域也分成了两个部分.

按 $\mathrm{d}x$，$\mathrm{d}z$，$\mathrm{d}y$ 顺序：

$$0 \leqslant x \leqslant 1,\ 0 \leqslant z \leqslant x^2,\ 0 \leqslant y \leqslant 1;$$

$$0 \leqslant x \leqslant 1,\ x^2 \leqslant z \leqslant x^2+1,\ \sqrt{z-x^2} \leqslant y \leqslant 1.$$

按 $\mathrm{d}z$，$\mathrm{d}x$，$\mathrm{d}y$ 顺序：

$$0 \leqslant z \leqslant 1,\ \sqrt{z} \leqslant x \leqslant 0,\ 0 \leqslant y \leqslant 1;$$

$$0 \leqslant z \leqslant 1,\ 0 \leqslant x \leqslant \sqrt{z},\ \sqrt{z-x^2} \leqslant y \leqslant 1;$$

$$1 \leqslant z \leqslant 2,\ \sqrt{z-1} \leqslant x \leqslant 1,\ \sqrt{z-x^2} \leqslant y \leqslant 1.$$

从而可得到该积分在 xOz 平面上的累次积分为

$$\int_0^1 \mathrm{d}x \int_0^1 \mathrm{d}y \int_0^{x^2+y^2} f(x,y,z)$$

$$=\int_0^1 \mathrm{d}x \int_0^{x^2} \mathrm{d}z \int_0^1 f(x,y,z)\,\mathrm{d}y + \int_0^1 \mathrm{d}x \int_{x^2}^{x^2+1} \mathrm{d}z \int_{\sqrt{z-x^2}}^1 f(x,y,z)\,\mathrm{d}y$$

$$=\int_0^1 \mathrm{d}z \int_0^{\sqrt{z}} \mathrm{d}x \int_0^1 f(x,y,z)\,\mathrm{d}y + \int_0^1 \mathrm{d}z \int_0^{\sqrt{z}} \mathrm{d}x \int_{\sqrt{z-x^2}}^1 f(x,y,z)\,\mathrm{d}y$$

$$+\int_1^2 \mathrm{d}z \int_{\sqrt{z-1}}^1 \mathrm{d}x \int_{\sqrt{z-x^2}}^1 f(x,y,z)\,\mathrm{d}y.$$

参考文献

[1]华东师范大学数学科学学院. 数学分析[M]. 5版. 北京：高等教育出版社，2019.

[2]裴礼文. 数学分析中的典型问题与方法[M]. 3版. 北京：高等教育出版社，2021.

[3]毛羽辉，韩士安，吴畏. 数学分析学习指导书(下册)[M]. 4版. 北京：高等教育出版社，2012.

[4]李傅山. 数学分析中的问题与方法[M]. 北京：科学出版社，2016.

[5]同济大学数学科学学院. 高等数学[M]. 8版. 北京：高等教育出版社，2023.

[6]费定晖，周学圣. 吉米多维奇数学分析习题集题解[M]. 4版. 济南：山东科学技术出版社，2012.

[7]徐森林，薛春华. 数学分析(第二册)[M]. 北京：清华大学出版社，2006.